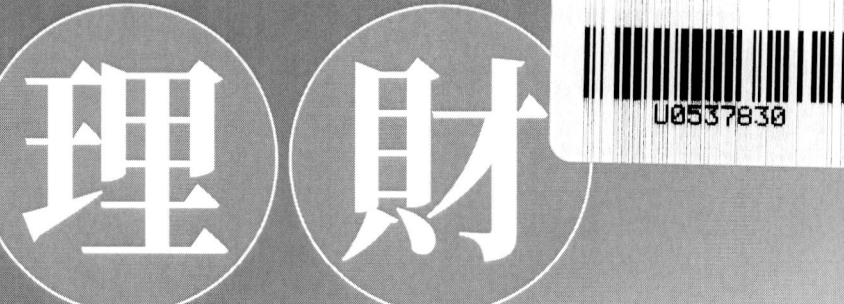

理財不是難事

讓家更安穩的財務攻略

高思敏 著

實用、真實、接地氣的家庭理財地圖,從此不再怕帳單來敲門!

MONEY MADE SIMPLE

財務管理不只為了帳面數字,更是為了掌握人生選擇權;
建立穩固基礎、強化抗風險能力,讓未來更有餘裕與方向!

目 錄

序言
用智慧與溫度,寫下屬於家庭的財務故事　　005

第1章
盤點家計:家庭財務的起點　　011

第2章
設立目標:量身打造財富藍圖　　045

第3章
財務報表活用術:看清家庭經濟　　073

第4章
投資工具大解密:選對武器贏財富　　107

第5章
家庭理財心法:適合才是最好　　137

目錄

第 6 章
生活理財實戰篇:從生活細節開始　　165

第 7 章
網路與科技理財:智慧理財新風潮　　191

第 8 章
信用管理與負債規劃:善用而不沉淪　　219

第 9 章
風險管理與保障規劃:讓家庭財務更穩健　　247

第 10 章
穩健致富:財富傳承與夢想實現　　277

序言
用智慧與溫度，寫下屬於家庭的財務故事

在這個瞬息萬變的時代，家庭理財的課題，早已不只是單純的「收支平衡」或「儲蓄投資」，而是牽動每個家庭幸福感的核心。當我們走進日常生活，無論是柴米油鹽的支出，還是孩子教育、父母照護與未來夢想的累積，無不環環相扣在家庭的財務藍圖中。正如心理學家馬斯洛（Abraham Maslow）在其需求層次理論中所說，財務安全感是穩固生活的基礎，是讓家庭得以向夢想更近一步的必要條件。

◎家庭理財：從記帳開始的故事

家庭理財的第一步，往往從最平凡的記帳開始。臺灣許多家庭，從一張紙、一枝筆，或是一個手機App，記錄著每天的花費。看似簡單的動作，卻是讓家庭看見真實財務樣貌、建立財務安全感的重要起點。

專家指出，記帳不只是記錄開銷，更是學習如何面對數字的勇氣。心理學家凱莉・麥高尼格（Kelly McGonigal）提醒：「誠實面對收支，是改變理財習慣、實現夢想的第一步。」透過記

序言　用智慧與溫度，寫下屬於家庭的財務故事

帳，我們不只是看見錢的流向，也開始學會與家庭成員共同討論「什麼是我們最重要的價值」與「如何讓金錢為幸福加分」。

◎理解收支：家庭財務的基本盤

記帳完成後，下一步是學會看懂這些數字，轉化為更有意義的家庭決策。在本書第 1 章中，我們看見了「家庭收支概觀」的重要性。理解家庭的收支平衡，能幫助我們設定適切的財務目標，也讓每一個支出都變得更有溫度。

有些人原本覺得生活中有很多「必要花費」，但透過記帳檢視後，才驚覺有許多是「習慣性浪費」。於是，他們與家人討論哪些花費能夠適度調整，把省下來的錢拿去做更有意義的事情。專家也指出，這樣的過程其實也是一種「家庭價值觀的再確認」，讓金錢不只是滿足當下的欲望，更是投資未來的希望。

◎目標的設定：財務藍圖的起點

理財不是一成不變的模式，而是需要依照家庭的生命週期與夢想，彈性調整。書中第 2 章便提到「設立目標：量身打造財富藍圖」，提醒我們，目標的明確化，是家庭財務管理的靈魂。短期目標像是孩子的補習費、家中的裝修計畫；中期目標可能是三年內換屋的計畫；長期目標則是退休或留給下一代的穩固基礎。這樣的共識，不只是減少家庭衝突，更是讓家庭財務管理變得更有人情味與責任感。

◎現金流的重要性：流動的安全感

書中反覆強調，家庭財務管理的核心，在於掌握現金流。無論是收入多寡，只要現金流穩定，家庭就有更多餘裕去面對生活中的變化與挑戰。專家提醒，現金流就像家庭的血液，唯有保持暢通，才能讓生活運轉自如。

◎投資與保障：風險分散的智慧

第3至第9章中，書裡系統地介紹了各種理財工具與風險管理的重要性。家庭的資產配置，不該只追求高報酬，更要看見背後的風險。像是2023年全球股市的劇烈波動，許多家庭因為過度集中在單一投資而承受龐大的財務壓力。相對地，那些懂得「分散風險、留有彈性」的家庭，反而能穩穩走過市場動盪。

心理學家卡爾‧榮格（Carl Jung）提醒：「真正的穩定，來自於內外在秩序的平衡。」這句話正是家庭投資的座右銘。

◎家庭溝通：理財的情感溫度

財務數字或許冷冰冰，但家庭理財卻是溫暖的。書中特別強調，理財從來不是「一個人說了算」，而是家人之間的「共識」。從每月「家庭財務對話」開始，慢慢讓家人之間的溝通更順暢。每個人都能表達想法，討論如何分配資金，讓理財成為促進親情的契機。

序言　用智慧與溫度，寫下屬於家庭的財務故事

心理學家布芮妮・布朗（Brené Brown）也提醒：「家庭的情感共鳴，是面對財務挑戰的最佳解藥。」當我們願意傾聽彼此的心聲，財務規劃就不再只是數字遊戲，而是愛與信任的延續。

◎遺產規劃：傳承的不只是錢

第 10 章談到「財富傳承與夢想實現」，提醒我們，家庭理財的最終目標，從來不只是當下的富裕，而是為下一代與社會的幸福鋪路。臺灣許多家庭面對遺產規劃的議題時，常常覺得「太早」或「與自己無關」。但事實上，遺產規劃是一種負責任的態度，是對家人的愛與未來的承諾。

透過遺囑與信託的安排，讓孩子們在未來不必為分配而爭執，這份規劃本身，就是給家人的最深情告白。

◎讓金錢成為幸福的工具

這本書，從盤點家計到風險分散，從投資工具到愛的傳承，每一章都像是家庭理財的一步步階梯。理財專家提醒：「理財的起點，不是賺多少錢，而是如何看待錢與幸福的關係。」

當我們開始重視財務紀律，從記帳、收支管理、目標設定到長遠傳承，每一步都是向家人的幸福更靠近的一步。心理學家約翰・高特曼（John Gottman）說：「幸福的家庭，來自於理解與支持。」財務的智慧，其實也是愛與溫暖的智慧。

在這個資訊爆炸、挑戰無數的時代,願每一位讀者都能從這本書獲得力量:讓金錢不只是生存的工具,更是幸福的橋梁;讓理財不只是累積數字,更是實踐夢想與守護家人的力量。從今天開始,讓財務的故事,成為你與家人幸福日子的見證與延續。

序言　用智慧與溫度，寫下屬於家庭的財務故事

第 1 章
盤點家計：家庭財務的起點

第 1 章　盤點家計：家庭財務的起點

1.1　家庭收支概觀

理解家庭收支的意義

家庭的收支結構是一個家庭財務健康的重要指標。根據國際理財顧問理查・塞勒（Richard H. Thaler）的研究顯示，家庭若能定期盤點自己的收入與支出，將能有效控制財務風險。在臺灣，家庭收支主要包括兩大類：一是收入，二是支出。收入來源多樣，包含薪資、獎金、兼職收入、投資獲利、房租收入等，而支出則涵蓋日常生活開銷、教育費用、房貸、車貸、保險費用以及儲蓄或投資等項目。這些數字的背後，呈現的正是家庭經濟活動的脈絡。

家庭收支平衡的挑戰

現代家庭在面對生活中的各項支出時，常常會有資金調度上的壓力。尤其是臺灣房價高漲，許多家庭的房貸支出占據了可支配收入的相當大比例。除此之外，子女教育支出和長輩醫療費用，也是不可忽視的壓力來源。許多家庭因缺乏系統化的收支管理，時常陷入「有錢就花、沒錢再借」的循環。

資金流動的重要概念

在家庭理財中,最基礎的概念之一就是現金流。現金流是指家庭每個月現金收入與支出的差額,代表可供靈活運用的現金資源。對於一般家庭而言,現金流的穩定性決定了理財計畫能否持續推進。例如:陳先生曾經因為家庭開銷龐大,沒有良好的現金流管理,結果必須動用高利貸度日,導致負債滾雪球。後來,他學習記帳與分析收支,終於扭轉頹勢,開始穩定儲蓄。

三個月記帳法的優勢

許多理財專家建議家庭至少持續記帳三個月,才能真正看出收入與支出的全貌。這段期間的收支紀錄不僅能反映日常花費的習慣,更能釐清哪些是必要支出、哪些是可減項目。例如:林太太在試行三個月的收支記帳後,驚訝地發現原來每月花在便利商店購物的支出高達五千元,占家庭生活費的十分之一。透過記錄與檢視,她成功地找出可省下的支出,讓每月結餘逐步增加。

建立家庭收支表

家庭收支表是財務管理的基礎工具之一,能協助家庭成員明確地看見每一筆錢的去向。收支表可分為月度與年度兩

種,前者適合即時檢視,後者則能看出長期趨勢。理財顧問強調,家庭應養成定期更新收支表的習慣,以應對突如其來的財務挑戰。臺灣的多數銀行與財務公司也提供簡易的收支表格模板,家庭可依需求加以客製化。

固定支出與彈性支出的差異

家庭支出又可分為固定支出與彈性支出。固定支出是每月必須支付且變動幅度較小的費用,例如房租、房貸、車貸、保險費等。彈性支出則包含娛樂、旅遊、外食與購物等,這些支出通常是影響家庭現金流的關鍵所在。以謝先生一家為例,他們的外食支出曾占總支出的30%,經過逐步調整外食習慣,改由自己準備餐食,成功將外食支出壓低至20%,每月可省下近萬元。

調整收支結構的技巧

在確定收支全貌後,接下來便是如何優化家庭收支結構。專家建議以「50/30/20」原則為指導:50%的收入用於必要開銷,30%用於彈性支出,20%用於儲蓄與投資。這樣的比例不僅讓生活有彈性,還能確保財務的穩定。張小姐分享,她起初外食與娛樂開銷過高,造成月月入不敷出。她運

用「50/30/20」法則，將彈性支出嚴格限制在30%內，終於讓家計恢復平衡。

科技工具的輔助力量

在數位化時代，家庭理財可善用各種科技工具。手機App、雲端記帳系統、理財網站等，都能協助家庭即時掌握收支狀況。使用雲端記帳軟體，無論在家或外出都能迅速記錄開銷，並在月底生成收支分析報告，方便做出調整。這些工具的普及，讓記帳與收支管理不再是沉重的負擔，而是一種輕鬆又高效的理財習慣。

1.2　家庭資產大解密

資產認知的重要性

在家庭理財規劃中，資產是決定家庭財務穩健與否的基石。國際理財顧問湯瑪斯·史丹利指出，理解並有效管理家庭資產，是邁向財富自由的重要第一步。對臺灣多數家庭而言，資產常常被視為「隱形財富」，它不僅代表當下的財務安全，更是家庭未來生活品質的保障。可惜的是，許多家庭並

第 1 章　盤點家計：家庭財務的起點

沒有完整認識自身擁有的資產項目，也未必清楚這些資產的實際價值。當我們忽略了資產的真實面貌，就難以擬定適合的理財策略，更別說累積財富或傳承家業了。

資產的基本分類

在理財實務中，家庭資產大致可分為「實物資產」與「金融資產」兩大類。實物資產包括房地產、車輛、貴金屬、藝術品與其他實體財物；金融資產則包含現金、定存、股票、債券、基金、保險等。舉例來說，家中擁有的房產是最典型的實物資產，而存放在銀行帳戶中的現金與股票則屬於金融資產。資產的性質不同，對家庭財務結構的影響也不一樣。

實物資產的價值與挑戰

實物資產的最大優勢是保值與抗風險能力強。例如：房地產長期而言通常具有增值潛力，是許多臺灣家庭財富的重要支柱。周太太分享，她在 2008 年購入臺北市一間中古屋，當時價格每坪僅 45 萬元，如今已翻倍成長。這樣的經驗讓她深信「買對房產就是累積財富的捷徑」。然而，實物資產同時也有其挑戰。第一，缺乏流動性，短期內難以快速變現；第二，持有與維護成本高，像是房屋稅、管理費、修繕費用等；第三，若缺乏適當管理，可能因市場變化而折損價值。若長

期未維護老屋,導致房屋結構受損,價值反而下滑。這些都提醒我們,實物資產雖穩健,仍需謹慎管理與盤點。

金融資產的彈性與效益

與實物資產相比,金融資產具有高度流動性與靈活性。現金與定存是最穩定的金融資產,適合作為緊急預備金或短期支出之用。股票、債券與基金則提供家庭資產的成長動能。根據美國金融學者尤金・法馬的「市場效率假說」,多元化投資能有效分散風險,提升資產的長期報酬。值得注意的是,金融資產雖具備彈性,但也伴隨著市場波動與風險,需要謹慎評估與規劃。

評估資產價值的方法

家庭要有效管理資產,必須學會如何評估資產的真實價值。對實物資產而言,最常見的方式是透過市場比較法,例如根據同區域類似房產的成交價格來估算房屋價值。金融資產則可透過銀行對帳單、投資報告與市場行情即時掌握其價值。理財專家建議,每年至少一次完整盤點家庭所有資產,建立「家庭資產清單」,並與專業財務顧問討論最佳配置。透過系統化盤點與評估,家庭才能更精確地掌握財務現況,做出正確決策。

第 1 章　盤點家計：家庭財務的起點

家庭成員參與：共享資訊與決策

在臺灣社會，許多家庭將資產管理視為「家長的事」。然而，專家提醒，理財是全家人的事，尤其是配偶間更應該共享資產資訊與決策。根據《進化致富本能的「金錢猛獁象」》(*Money Mammoth*) 一書作者布拉德‧克隆茨的觀點，夫妻若能共同檢視資產，將能增進彼此信任，避免因資產分配不均引發家庭糾紛。

臺灣家庭資產的現狀與反思

臺灣許多家庭以「不動產增值」作為主要理財目標，對金融資產配置的敏感度偏低。專家提醒，雖然房產穩健，但若過度集中於單一資產，可能導致資金運用彈性不足。透過多元化投資，家庭不僅能分散風險，還能創造更多資產增值機會。

持續學習與調整

理財不是一成不變的過程，家庭資產管理也需要不斷學習與調整。蔡先生過去因對金融商品缺乏了解，導致投資失利。後來他積極參加理財講座、閱讀財經書籍，並與理財顧問討論資產配置策略。這段經驗讓他體會到「知識就是資產」，唯有持續學習，才能讓家庭資產更穩健、更能抵禦外在風險。

1.3　實物資產與流動資產

資產分類：穩健與靈活的對比

在家庭理財的世界裡，資產可大致分為「實物資產」與「流動資產」兩大類。這樣的分類方式，能幫助家庭更清楚地掌握每項資產的特性與運用彈性。根據美國財務管理專家的觀點，資產的性質不同，對家庭財務安全與未來發展有著深遠影響。臺灣家庭向來重視實物資產，認為這些「看得見摸得著」的財富具有安全感；然而，過度依賴實物資產，卻可能忽略流動資產在應急與靈活調度方面的優勢。

實物資產的特性與角色

所謂實物資產，泛指具有實體形態、可長期持有的資產，例如房地產、土地、汽車、黃金、珠寶與藝術收藏品等。這些資產通常價值穩定，抗通膨能力強，是家庭累積財富的重要支柱。以房地產為例，根據臺灣內政部不動產資訊平臺（2024）的統計，臺灣住宅房價在過去十年內上漲約50%，顯示其長期保值與增值的潛力。對許多家庭而言，房屋不僅是遮風避雨的避風港，更是傳承給下一代的重要資產。

第 1 章　盤點家計：家庭財務的起點

流動性挑戰：實物資產的限制

然而，實物資產也有其不足之處。首先是流動性問題。當家庭急需資金週轉時，實物資產很難迅速變現。例如：房產交易通常需要數月才能完成，過程中涉及的稅費、仲介費用等也會影響實際可得現金。吳先生曾在投資房產時，因突發醫療開銷需用到大筆現金，卻苦於房子難以立即出售，只能轉而向親友借款。這讓他深刻體認到，實物資產雖然穩健，但「救急」效果有限。

流動資產的靈活運用

與實物資產相比，流動資產的最大優勢是高流動性與靈活運用。常見的流動資產包括現金、銀行存款、貨幣市場基金、股票、債券與短期投資工具等。這些資產通常能在短時間內變現，適合作為應急預備金或資金調度用途。根據國際理財專家蘇西・歐曼（Suze Orman）指出，理想的家庭資產配置中，應至少保留 3～6 個月的生活費作為流動資產，以因應突發事件與生活變化。

建立流動資產池的步驟

要有效管理家庭流動資產，首先應確定家庭的基本生活費用，包括房貸、日常開銷、教育費用與醫療支出等。接

著，將每月結餘的一部分，固定投入到高流動性金融商品中，例如銀行定存或貨幣市場基金。林太太分享，他們家每月將薪資結餘的 30% 存入高流動性投資標的，並透過基金定期定額的方式，建立穩定的流動資產池，讓家庭在面對生活變動時更有底氣。

家庭成員的參與與共識

家庭資產配置並非單方面決策，應透過成員間的討論與共識來達成。理財專家強調，許多家庭的財務問題，往往不是因為收入不足，而是因為缺乏對話與溝通。夫妻之間若能坦誠面對各自對實物資產與流動資產的偏好，將能在權衡中找到平衡點，打造屬於家庭的專屬理財策略。

1.4 資產配置很重要

資產配置的基礎觀念

資產配置被譽為家庭理財的基石。根據美國財務學者哈羅德‧艾文斯基 (Harold Evensky) 的說法，資產配置即是在不同資產類別間進行比例分配，以兼顧風險與收益的平衡。對多數臺灣家庭而言，資產配置通常與「存錢」畫上等號，但

第 1 章　盤點家計：家庭財務的起點

實際上，它涉及更深的理財哲學與操作技巧。資產配置不只是存錢，更是家庭面對生活風險、抓住機會、實現夢想的重要手段。

不同資產類別的角色

家庭資產大致可分為四大類：現金及存款、股票及基金、不動產、保險與退休金。每種資產都有不同功能定位。現金與定存提供短期安全感；股票與基金帶來成長動能；不動產穩健保值、抗通膨；保險與退休金則是家庭的「保命符」。例如：黃先生將30％資產放在高流動性的定存與貨幣型基金，40％配置股票與債券基金，20％用於房地產，10％作為保險保障。這樣的分配不僅保障了生活彈性，也讓家庭在市場波動中更具韌性。

長期目標與短期彈性

家庭資產配置要兼顧長期與短期的平衡。短期目標如購屋、子女教育，需適度保留現金與穩健投資工具；長期目標如退休與財富傳承，則需納入成長型資產，追求資本增值。夫妻利用定期定額投資股票型基金，專為孩子未來的大學學費做準備，同時維持生活開銷的彈性。這樣的配置策略，讓他們在變動的經濟環境下，仍能保持家庭財務的穩健。

家庭會議的重要性

資產配置不是獨裁式的決策,而是全家人共同參與的過程。家庭理財會議,是凝聚共識與化解矛盾的關鍵。心理學家約翰・高特曼(John Gottman)曾指出,家庭的幸福感,來自於成員間的真誠對話與尊重。理財亦然,透過定期討論資產配置與調整,能避免「各說各話」的情況,確保每個家庭成員的財務需求都被照顧到。

實務操作:從盤點到調整

理財專家建議,家庭資產配置可從以下幾步驟著手:第一步,盤點所有資產與負債;第二步,根據家庭成員的需求、年齡結構與風險偏好,決定投資比例;第三步,設定短期與長期目標,並定期檢視調整。例如:透過每半年一次的「家庭理財檢視日」,檢討投資組合與未來目標,讓資產配置能跟上家庭的發展腳步。

資產配置的常見錯誤

許多家庭在資產配置上常犯兩種錯誤:過度分散與過度集中。前者會讓資產分散到難以管理,降低投資效益;後者則讓單一投資風險過高。陳先生曾將大部分資產投入房產,結果在房市下修時資產價值受損;後來,他學會多元配置,

讓資產結構更穩健。專家強調,適度多元化、嚴守紀律、定期檢視,才是穩健資產配置的關鍵。

資產配置與財務自由

良好的資產配置,是實現財務自由的重要助力。蔡太太年輕時就開始投入定期定額基金,並同時持有穩定的房產與現金池。如今,她不僅有足夠的退休金,還能在工作與生活間保持理想的平衡。這讓她深深體認到,理財不是一時衝動,而是一段長期規劃的過程。專家蘇西·歐曼提醒,唯有穩健的資產配置,才能讓財富累積成實現夢想的力量。

1.5　賺錢要靠關係打通

賺錢的多重面向

在家庭理財的世界裡,賺錢是最直觀的目標。然而,許多人誤以為「努力工作就能賺到錢」。事實上,賺錢並不只是個人努力的成果,它更像是一個關係活,必須依靠人際關係與社會網絡的支撐。根據美國經濟學者約瑟夫·史迪格里茲(Joseph Stiglitz)的說法,經濟活動的成敗往往與「信任」

和「社會資本」有密切關聯。臺灣社會中，親友、同事、合作夥伴和社區的連結，對家庭收入與理財規劃有著不可忽視的影響。

社會網絡與收入潛力

臺灣人有句老話：「人脈就是錢脈」，這句話在理財世界同樣適用。許多家庭在工作和生活中，透過親友的引薦，獲得更好的工作機會或投資管道。張先生過去在傳產工作多年，收入平平。後來在朋友介紹下進入科技業，薪資翻倍，並有機會投資股權分紅，家庭財務因此獲得躍升。這說明了人際網絡是家庭賺錢能力的重要推手。

賺錢需要信任

信任是人際關係中的關鍵，也是賺錢的基礎。美國心理學家史蒂芬‧柯維（Stephen R. Covey）強調，信任是高效能組織與家庭的隱形資產。對家庭而言，良好的信任關係，讓家庭成員能共享資源，互相支持。黃太太與丈夫共同經營副業，靠著彼此的信任與分工，成功累積下穩定的收入來源。缺乏信任，往往會讓家庭理財計畫無疾而終，甚至引發內部衝突。

第 1 章　盤點家計：家庭財務的起點

家庭內部的合作模式

家庭是最小的經濟單位，成員間的合作與分工，決定了財富累積的速度。理財專家指出，許多家庭面對賺錢機會時，容易陷入「各自為政」的窘境。林太太分享，起初她與丈夫在工作與投資上的分歧讓家庭陷入財務緊張。後來他們學會透過家庭理財會議協調彼此的想法，讓資金運用與時間安排更有效率，家庭的財務狀態因此煥然一新。

職場中的人際策略

對多數人而言，家庭收入的主要來源仍是工作薪資。如何在職場中展現專業能力、維持良好的人際關係，是提升收入的關鍵。謝先生原本工作表現優異，但因人際溝通不善，錯失多次升遷機會。後來他學習溝通技巧與建立正向關係，職場地位明顯提升，薪資也隨之增加。這印證了「賺錢不只是工作能力，也是一種人際藝術」。

投資與合作夥伴

除了職場關係，投資過程中的人脈與合作夥伴同樣重要。投資並非孤軍奮戰，常常需要專業建議與合作。劉先生與朋友合資開發民宿，透過朋友的經驗與資源，專案迅速獲

利。這種合作模式，讓劉先生深刻體會到「好的人脈是成功投資的一半」。然而，合作也要謹慎，必須先釐清責任與分工，避免因利益分配不均產生衝突。

社會關係與風險管理

人際關係不只是賺錢的助力，也能在面對風險時發揮保護作用。社會支持網絡越穩固的家庭，遇到財務危機時更容易獲得協助。舉例來說，當家庭面臨失業或重大醫療支出時，親友的協助或社區資源往往能幫助家庭度過難關。這種社會支持，無形中強化了家庭財務的韌性。

賺錢也需要給予

在賺錢的過程中，許多家庭忽略了「付出」的力量。心理學家亞伯拉罕·馬斯洛（Abraham Maslow）認為，實現自我價值與助人行為，能提升內在滿足感。周太太分享，她在兼職工作中，常熱心協助同事，也主動分享理財經驗，結果不僅獲得更多工作機會，還交到許多志同道合的朋友。這樣的「互惠關係」讓她感受到，賺錢也可以是溫暖的事業。

持續經營關係資產

社會心理學家皮耶‧布赫迪厄（Pierre Bourdieu）將人際關係視為一種「社會資本」。對家庭而言，這種資本需要持續經營與維護。每一次的真誠交流與幫助，都是關係資本的累積。張先生分享，他與多位同業保持定期聚會，透過經驗分享與互助，讓投資與事業經營更有保障。這種無形的資產，往往比存摺上的數字更可靠。

1.6　要勤勞，也要富有

勤勞是財富的基石

自古以來，「勤勞」一直被視為累積財富的基礎。臺灣社會中，許多長輩總是耳提面命：「要努力工作，才能過上好日子。」勤勞確實是實現夢想的起點，也是許多家庭立足社會的首要條件。心理學家卡爾‧榮格（Carl Jung）曾說：「人要有秩序感，才會感受到生活的穩定與安心。」而勤勞，正是帶來秩序與累積的重要源頭。

勤勞的誤解與限制

然而,許多人誤解了「勤勞」的真正內涵。光靠努力工作,並不保證能獲得財務自由。張先生分享,自己過去每天工作超過 12 小時,收入卻始終無法提升。直到後來接觸理財書籍與專家課程,才發現單靠「苦幹」是不夠的,還需要正確的方向與策略。理財顧問強調:「勤勞是起點,財務智慧是終點。兩者缺一不可。」

財務目標與勤勞的結合

臺灣家庭在追求財富時,常常陷入一個矛盾:一方面努力工作,另一方面卻不知道錢花到哪裡去了。理財專家指出,勤勞的方向若與財務目標脫節,將很難創造實質的財富累積。舉例來說,黃太太與丈夫在孩子出生後,開始重新規劃家庭預算與目標,把每月加班收入的一半投入基金定期定額,另一半用於償還房貸。這樣明確的分配,讓他們不僅保持生活品質,也累積了教育基金與投資本金。

勤勞之外,還需要效率

在理財的世界裡,勤勞只是其中一環,效率則是決定成效的關鍵。美國財經作家蘇西・歐曼指出,有效管理時間與

資源，才能讓勤勞真正帶來財富。李先生分享，他過去因過度投入工作，忽略了休息與學習，導致投資錯誤頻頻。後來，他學會設定工作與學習的平衡，透過線上理財課程與社群分享，提升理財能力，讓「勤勞」的成果最大化。

勤勞與風險意識

除了效率，勤勞也需要有風險意識。太過於專注單一收入來源，可能讓家庭在面對變動時措手不及。周先生曾經一心只專注於本業收入，結果公司經營出現問題，家庭經濟一度陷入危機。後來他學會透過副業、投資與多元化收入來源，讓勤勞變得更有彈性。理財專家指出，「勤勞若能結合風險管理，將成為家庭財務安全的重要支柱。」

勤勞與財富的平衡

「要勤勞，也要富有」，這句話看似簡單，卻蘊含深刻的理財智慧。努力工作固然重要，但若沒有妥善的理財策略與家庭共識，最終只會落入「勤勞卻不富有」的窘境。理財顧問提醒，理財就像一場馬拉松，勤勞是起跑的動力，但想跑得遠、跑得久，還需要理智與規劃。

1.7 利潤是個真實的「謊言」

利潤的真相與假象

在企業經營或家庭理財中,利潤通常被視為成敗的指標。臺灣社會也習慣以「賺不賺錢」來評斷事業的價值。然而,心理學家丹尼爾·康納曼（Daniel Kahneman）提醒我們,利潤的表象常常隱藏著真相與風險的交錯。企業報表上的利潤數字,並不代表現金流的安全,也未必等同於家庭的長期穩健。對理財人來說,看清楚利潤背後的「謊言」,是保持財務健康的關鍵一步。

利潤不是現金

許多家庭在看待家庭企業或副業時,會誤以為帳面上的利潤就是手上的現金。事實上,利潤只是帳面記錄,真正決定生活品質與抗風險能力的,是現金流。吳先生曾開設小吃店,雖然帳面上「利潤」看似不錯,但因現金流管理不善,最後仍舊關門大吉。這讓他體悟到:帳面數字好看,卻無法支付房租與原料,利潤只是空談。

懂得分辨利潤與現金流

財務專家強調，家庭理財時應分清楚「利潤」與「現金流」的概念。利潤代表收入減去成本後的盈餘，但若現金無法及時回收，會造成財務斷鏈。舉例來說，林太太在副業投資時，過度依賴帳面利潤判斷是否再投入，結果因現金回收延遲，讓投資一度陷入困境。這樣的例子提醒我們，理財時更應注重現金流的穩定，而不僅僅是數字上的好看。

會計操作的利潤迷思

在企業經營上，利潤更是受到會計操作的影響。例如「應收帳款」的存在，可能讓帳面看似賺錢，但實際上卻沒拿到現金。張先生分享，他曾投資一家小型製造商，該公司每年都公布亮眼的利潤報表，卻無法解決客戶拖欠貨款的問題。結果，帳面再漂亮也無法應對日常營運所需的現金，最終影響了公司的營運穩健。

利潤與風險的連動

利潤與風險，常常是相生相伴的。當利潤看似豐厚時，往往也意味著風險可能升高。理財專家分享，許多企業在短期追求高利潤的同時，往往忽略長期穩健的根基。黃太太曾在股市熱潮時投入高風險股票，帳面利潤短期驚人，但缺乏

風險控管,當市場波動來臨時,瞬間虧損。她的經驗提醒我們,利潤的表象不應掩蓋潛藏的風險。

利潤的意義:長期與短期的平衡

在家庭理財中,利潤仍然是推動資產成長的重要指標。問題不在於利潤本身,而在於如何看待它的角色。蔡先生分享,他在投資房產時,並不急於追求短期利潤,而是看重長期租金收入與資本增值的可能。這種將短期報酬與長期穩健結合的思維,正是臺灣許多理財達人所推崇的「複合式理財智慧」。

利潤指標的迷思:看見全貌

在投資理財的世界中,利潤常被當作最直觀的績效指標。然而,過度迷信利潤數字,可能導致錯誤決策。財務專家蘇西·歐曼提醒,家庭應該從更多面向評估理財成果,例如資產配置的平衡、現金流的穩健、風險分散的程度等。唯有跳脫「利潤迷思」,才能真正走向財務的自由與安穩。

理財心態的調整

「利潤是個真實的謊言」這句話,提醒我們在面對美麗的報表時,仍需保持清醒的頭腦。林太太過去常為了追求高利潤而忽視風險,後來在閱讀心理學家丹尼爾·康納曼的《快思

慢想》後，學會了謹慎與平衡的重要。她說：「當我們不再被數字迷惑，就能真正掌控財務未來。」

1.8 競爭的密碼：成本

成本思維的重要性

在企業經營與家庭理財的世界裡，成本管理是一門顯學。臺灣人常說：「省一塊賺一塊。」這句話點出了成本管理與財富累積的密切關係。美國經濟學家麥可·波特（Michael Porter）指出，競爭優勢的核心往往在於成本結構的優化。對於家庭來說，懂得控制生活成本，才能讓收入發揮最大效益；對於企業而言，善用成本優勢，才能在市場競爭中立於不敗之地。

企業經營中的成本競爭

企業要在市場中取得競爭優勢，首要之務就是控制成本。許先生經營小型製造業，他分享，過去他們公司專注於提升產能與市場拓展，卻忽略了內部的成本結構，結果即使營業額成長，利潤卻未能同步提升。後來在顧問建議下，他

們開始分析原物料、勞務、營運支出的各項細節,逐步調整流程與供應鏈,最終讓每月固定成本下降15%,企業利潤才真正穩定成長。

家庭理財中的成本概念

家庭的經濟活動同樣離不開成本思維。雖然家庭不像企業有明確的財務報表,但每一筆日常支出,都是家庭的「成本」。黃太太分享,他們家原本在日常外食與娛樂上的花費過高,雖然收入穩定,卻總是入不敷出。後來她開始記錄每筆支出,並依據「必要與可有」的原則進行檢討與調整,成功每月省下超過一萬元,讓家庭現金流更健康。

隱性成本與心理成本

成本管理不只是一道加減運算,還涉及隱性成本與心理成本。舉例來說,家庭若因為工作忙碌而忽略健康管理,長期可能增加醫療支出;企業若因員工流動率過高,可能產生隱藏的人力成本與招募費用。林先生分享,他過去專注於事業開拓,忽視身體健康,最終因醫療開銷吃掉了部分事業收益。這提醒我們,長期的隱性成本,往往比眼前的開銷更值得注意。

第 1 章　盤點家計：家庭財務的起點

成本結構的全面檢視

要真正掌握成本優勢，必須全面盤點與檢視各項成本結構。家庭方面，可從食、衣、住、行等日常支出開始，透過記帳與分析，發現潛在的節省空間；企業則需從原物料、租金、勞務到管理費用，逐一審視並優化流程。財務專家蘇西・歐曼提醒，透過持續的成本檢視與調整，才能將省下的每一分錢轉化為財富累積的基礎。

成本與價值的平衡

雖然成本控制重要，但過度削減也可能帶來負面影響。蔡太太分享，他們家曾因一味壓低飲食預算，結果飲食品質下降，影響家人健康。後來他們調整策略，從「無效支出」開始刪減，保留必要的健康與生活品質。理財專家指出，真正聰明的成本管理，是找到「花得值得」的平衡點，而非一味壓縮。

企業競爭的關鍵：成本結構創新

在競爭激烈的市場中，企業除了控制傳統成本，還必須擁抱創新。陳先生經營一家文創工作室，他分享，透過與社群合作共享空間與資源，降低了固定成本，還提高了服務的附加價值。這種結合創意與成本結構優化的做法，讓他們在

小眾市場中脫穎而出。專家提醒，成本不只是省錢，還是創造差異化的起點。

心態與文化：成本管理的根基

成本優勢的養成，離不開心態與文化的支持。家庭中，若每個成員都能認同「花得值得、用得有價值」的理念，才能形成有效的財務行為模式；企業內部，若能透過溝通與激勵，培養成本意識，則更容易創造長期的競爭優勢。黃先生分享，他們家定期舉辦「家庭節省挑戰賽」，不僅讓節省變得有趣，也讓孩子從小養成珍惜與計畫的習慣。

1.9 基業長青的財務常識

永續經營的理財觀

臺灣社會中，許多家庭與企業都渴望「基業長青」。無論是家族事業還是家庭財富，如何延續數十年甚至數代，成為許多人心中的夢想。心理學家卡爾·榮格（Carl Jung）曾指出，真正的穩定來自於內在與外在秩序的結合。對理財而言，基業長青的關鍵，在於掌握正確的財務常識與行動策略。

第 1 章　盤點家計：家庭財務的起點

財務規劃的系統思維

基業長青,絕非僅靠單一理財工具或一時的賺錢衝動。理財專家提醒,唯有建立完善的財務規劃,從目標設定到風險管理,才能讓財富的根基更穩固。劉先生分享,他從年輕時便開始學習資產配置與風險控管,讓家庭在不同人生階段都能應對挑戰。這種系統思維,不僅是基業長青的起點,也是持續調整與成長的關鍵。

家庭財務的長期視角

臺灣許多家庭面臨「短視近利」的挑戰。黃太太過去總是急於追求短期利潤,卻忽略了長期的資產結構與風險分散。後來她開始學習理財書籍,發現長期視角更能幫助家庭穩健增值。理財專家蘇西‧歐曼強調,真正的財富,不是看一年能賺多少,而是看十年、二十年後能否持續存在。

財務紀律：穩健理財的基石

「基業長青」不只是口號,更需要具體的行動。家庭與企業都必須養成財務紀律,包含記帳、預算控管、定期檢討等。張太太分享,她們家每月固定一天做家庭財務檢討,確保收支平衡,並適時調整投資組合。這樣的紀律,讓她們在面對經濟波動時,依然能保持生活品質與財務安全。

風險管理與應變能力

基業長青的另一個關鍵是風險管理。世界經濟學家約瑟夫‧史迪格里茲（Joseph Stiglitz）提醒，市場永遠存在不確定性。陳先生分享，他們家在疫情期間因工作受到影響，但因為事先準備了緊急預備金與保險，才能度過困難。這樣的風險管理意識，正是基業長青的後盾。

1.10　讓夢想成真的理財精神

夢想與理財的連結

在臺灣的家庭生活中，「夢想」常被視為遙不可及的願景，然而，心理學家卡爾‧榮格（Carl Jung）提醒我們：「夢想是人心深處的渴望，也是前進的驅動力。」而對家庭理財而言，夢想不只是心中的憧憬，更是一種行動的召喚。理財專家強調，財務管理的最終目標，並非只是累積數字，而是幫助家庭實現屬於自己的夢想與價值。

訂立明確的夢想目標

夢想需要明確的目標與計畫,才能化為現實。張先生分享,過去他總是覺得「有錢再說」,結果多年來夢想總是停留在口頭上。直到他和妻子共同制定五年目標,從教育基金到退休計畫,都有明確的儲蓄與投資策略,這才讓夢想開始具體成形。心理學家亞伯拉罕・馬斯洛(Abraham Maslow)也指出,當夢想能被具體化並分解為行動步驟,會更容易帶來持續的動力。

財務規劃是實現夢想的橋梁

夢想與財務之間,少不了規劃的橋梁。理財專家分享,許多家庭一開始並不清楚自己的夢想有多「貴」,或需要多少時間達成。透過財務規劃,不僅能估算所需的金額,還能排定達成時間表。陳太太說,他們家想要未來在山區蓋一間小木屋,最初覺得遙不可及;後來透過預算與投資的規劃,逐步累積資金,如今夢想已經走在實現的路上。

理財的精神:知行合一

實現夢想需要的不只是數字,還需要「知行合一」的理財精神。黃先生分享,他過去也有過許多夢想,但總是停在空想階段。後來他體認到,唯有讓理財的知識與行動結合,才

能真正往夢想前進。這樣的理財精神，讓他們全家都成為夢想實現的「夥伴」，而不只是旁觀者。

風險管理：讓夢想更穩固

夢想的實現，離不開風險管理。許多家庭因為忽略風險，導致財務陷入困境，夢想也隨之破碎。理財專家指出，理想的家庭理財結構，應包括緊急預備金與適度的保險保障。林太太分享，他們家因為在疫情前做好了足夠的緊急預備金，才能在丈夫失業期間仍維持基本生活，夢想計畫也沒有因此中斷。

學會分階段實現夢想

夢想實現的過程往往需要分階段進行。理財專家提醒，將夢想分為短期目標、中期目標與長期目標，能讓行動更有方向。周太太分享，他們家先從每年一次的小旅行做起，慢慢調整生活模式與投資習慣，為更大的夢想打下基礎。這種分階段累積的方式，讓夢想從「遠方」變得「觸手可及」。

理財工具的彈性應用

不同的夢想，適合不同的理財工具。小型夢想如家族旅遊，適合使用高流動性資產；而長期目標如退休、子女教育，

第 1 章　盤點家計：家庭財務的起點

則適合結合股票型基金與債券等多元化投資。理財專家指出，家庭要懂得靈活運用各種工具，才能讓夢想的藍圖更加穩固。

培養財富的正向心態

除了技術層面，夢想實現也需要正向的財富心態。心理學家丹尼爾・康納曼（Daniel Kahneman）提醒我們，面對理財目標時，保持理性與穩健的態度，能幫助家庭更持久地執行夢想計畫。張太太分享，過去她因害怕失敗而遲遲不敢投資，後來學會用小額資金開始，逐步培養信心，終於讓夢想不再只是口號。

小結
盤點家計的起點：讓每一筆錢都說話

本章從家庭收支概觀談起，層層剖析家庭財務的基本結構，指出記帳、建立收支表、區分固定與彈性支出，都是掌握家計的重要起手式。接著，延伸至資產大解密與分類，透過實物資產與流動資產的對比，幫助家庭辨清不同資產的風險與價值。資產配置的重要性則提醒我們，理財不只是存

錢,更關乎風險控制與長期規劃。而在「賺錢要靠關係打通」與「要勤勞,也要富有」兩節中,則從人脈、信任、合作與效率等角度,點出現代家庭需要的不只是努力,更是策略與溝通。最後,以「利潤的真實與謊言」、「成本的競爭密碼」與「基業長青的常識」,呼籲家庭跳脫表面數字,建立長遠視角與風險意識,將財務行動與夢想目標結合,實踐知行合一的理財精神。這些觀念共同構築出一個穩健且有彈性的家庭財務起點,為後續的財富藍圖奠定堅實基礎。

第 1 章　盤點家計：家庭財務的起點

第 2 章
設立目標：量身打造財富藍圖

第 2 章　設立目標：量身打造財富藍圖

2.1　認識家庭收支全貌

家庭收支全貌的必要性

家庭收支是每個家庭財務生活的基礎。心理學家卡爾‧榮格 (Carl Jung) 曾說：「內在秩序是外在秩序的基礎。」對臺灣家庭而言，家庭收支管理就是營造這種「內在秩序」的重要工具。理財專家指出，家庭若能徹底掌握收支的全貌，不僅能減少不必要的浪費，還能讓財務管理更有效率，更能為未來的夢想與目標鋪路。

收入結構的多元面向

收入是家庭經濟的來源，理解收入結構是認識收支全貌的第一步。臺灣家庭的主要收入來源包括薪資、獎金、投資收益、副業收入等。比如黃先生與太太雙薪，此外還有每月的股票股息與兼職翻譯收入，讓家庭收入更加多元穩健。理財專家提醒，收入多元化能讓家庭面對突發狀況時更有彈性，減少對單一收入來源的依賴。

支出結構的系統化檢視

支出結構是家庭財務的重要一環。常見的支出包含固定支出（房貸、保險費、教育費）、變動支出（飲食、娛樂、旅遊）與意外支出（突發醫療、家庭維修等）。林太太分享，過去因為忽略生活中的小額消費，導致月月入不敷出；後來透過記帳，她發現每月的外食與購物支出高達收入的三成，於是開始調整消費習慣，改善了家庭現金流。

記帳習慣的建立

家庭要掌握收支全貌，最有效的方式之一就是記帳。理財專家指出，記帳能讓支出變得視覺化，幫助找出「金錢漏洞」。張先生分享，他透過手機 App 記錄每筆支出，並在月底做一次收支報告，這讓他更了解自己的消費習慣。這種習慣，已被證明能顯著提升家庭理財的效率與精準度。

分析現金流的重要性

現金流是家庭理財的「血液」。陳先生分享，他們家過去雖然收入不錯，但因現金流管理混亂，經常出現資金週轉的問題。後來他們開始每季檢視現金流入與流出，確保家庭能夠即時因應生活開銷與突發狀況。理財專家指出，良好的現金流管理，是讓家庭避免「錢在帳上、現金卻不足」困境的關鍵。

第 2 章　設立目標：量身打造財富藍圖

建立家庭財務報表

想更全面了解收支全貌，建立家庭財務報表是重要步驟。林太太分享，他們家每半年做一次「家庭資產負債表」，並結合每月的收支表，清楚掌握財務現況。透過這樣的方式，家庭不僅能了解財務的強弱，也能更有信心面對未來的挑戰。

2.2　發掘家庭資產的祕密

資產的多樣面貌

家庭資產不只是銀行存款或房產，還包括許多被忽略的無形資產。心理學家卡爾‧榮格 (Carl Jung) 提醒：「人類的價值常常隱藏在意識之外。」同樣地，家庭的價值也常被埋沒在平日忽略的角落。理財專家指出，家庭若能全面認識資產結構，將能更好地利用這些資源，實現穩健與成長並重的理財目標。

什麼是家庭資產

家庭資產包括有形與無形的部分。林太太分享，他們家的資產除了房屋、車輛與現金存款外，還有長期投資、保險保障，甚至是丈夫的專業證照與她的烘焙技能。這些「隱藏

版」的資產,往往是家庭財務穩健的關鍵。理財專家強調,資產不僅僅是數字,更是一種能在關鍵時刻轉化為現金或增值的實力。

資產的分類與功能

家庭資產可分為實物資產(如房地產、車輛、貴金屬)、金融資產(現金、存款、投資工具)、人力資產(專業能力、職場競爭力)與無形資產(家庭品牌、信譽、社會人脈)。蔡先生分享,他雖然年輕時房產不多,但因持續進修與累積專業證照,讓他在職場中擁有強大的「人力資產」,成為家計的穩定後盾。

實物資產:穩健的基礎

實物資產往往是家庭的基礎。陳太太說,家中那間祖厝看似老舊,卻是她心中最踏實的保障。房地產能保值抗通膨,是許多臺灣家庭「壓艙石」般的存在。理財專家指出,實物資產雖缺乏流動性,但在長期抗通膨與傳承方面,扮演著不可或缺的角色。

金融資產:靈活的運用

與實物資產相比,金融資產具備靈活性與增值潛力。黃先生分享,他們家透過定期定額投資基金與股票,創造了超

越銀行利率的收益，讓資產在穩健中持續增值。理財專家提醒，金融資產可作為短期或中期目標的資金池，並透過多元化配置，降低市場波動帶來的風險。

人力資產：隱藏的力量

人力資產是家庭最容易被忽視的資產之一。心理學家亞伯拉罕·馬斯洛（Abraham Maslow, 1943）曾指出，人的自我實現與能力提升，是人生幸福的重要基礎。對家庭而言，成員的專業技能與學習力，都是創造收入的源頭。林先生分享，太太雖未有正式工作，但憑藉她的日語能力與烘焙專長，開啟了兼職課程與手作甜點的小副業，讓家庭收入更穩健。

無形資產：價值的延伸

除了有形與人力資產，家庭的人脈與社會信譽同樣是重要的無形資產。張太太分享，她丈夫多年來在業界建立了良好的口碑，當他們決定創業時，獲得了許多朋友與客戶的支持。理財專家指出，信譽與社會關係能在關鍵時刻發揮影響力，成為家庭財務安全的「保護傘」。

資產與夢想的連結

家庭資產盤點不只是為了知道「有多少錢」,更是為了支援夢想與目標。周太太分享,他們家希望未來能到國外旅居一年,透過盤點與規劃,開始將部分金融資產投入外幣基金與國際市場投資,為夢想鋪路。理財專家提醒,當資產能與家庭夢想緊密連結,理財才更有意義與動力。

2.3 家庭財務記錄術

財務記錄的真正意義

在現代家庭理財的世界裡,「記錄」往往被簡化為寫下收支數字,然而,心理學家卡爾・榮格(Carl Jung)提醒我們:「記錄不只是記錄,它是理解與成長的工具。」理財專家指出,家庭財務記錄術的核心,在於讓每筆花費、每項收入,都能成為未來理財決策的參考與資源,而非單純的流水帳。

為什麼需要家庭財務記錄

許多家庭因為忙碌,往往忽略了記錄的習慣,結果即使賺得再多,也不清楚錢究竟花在哪裡。張太太分享,他們

第 2 章　設立目標：量身打造財富藍圖

家過去沒有記錄收支的習慣，常常月底一到就感覺「錢花光了」，卻無法明確指出原因。後來，開始定期記錄財務流向，才發現原來許多隱藏的小開銷加起來竟占了生活費的三成。

記錄的第一步：工具與方法

現代家庭有許多記錄工具可以選擇，從傳統的筆記本、電子試算表，到專業的理財 App，都能協助家庭進行系統化管理。林先生說，他起初用紙本記帳，但後來發現手機記帳 App 更符合生活節奏，無論在家或外出都能即時輸入收支。理財專家建議，選擇最適合自己與家庭習慣的方式，才能持之以恆。

如何建立有效的記錄架構

家庭財務記錄術，最關鍵的是建立清晰的分類系統。理財專家分享，一般可分為「固定支出」、「變動支出」、「收入」與「投資及儲蓄」四大類。透過分類，家庭能更清楚地看到各項開銷的比例與變動。例如：陳太太發現，外食與娛樂開銷占總支出的20%，這讓她開始重新思考「必要」與「想要」的界線。

定期檢視與彈性調整

記錄並不是「做一次就好」的工作，而是需要持續性的檢視與調整。黃先生分享，他每月底固定檢視當月的收支表，

並討論是否需要重新分配資源。理財專家指出，定期檢討的習慣能幫助家庭及時發現「金錢漏洞」，調整生活模式，讓資金更有效率地使用。

避免成為「數字強迫症」

雖然記錄收支非常重要，但專家提醒，家庭不必過度執著於「每一塊錢都要精準對帳」。心理學家丹尼爾・康納曼（Daniel Kahneman）指出，理財需要理性與彈性並存。林太太剛開始記帳時，她每天都反覆核對，反而造成生活壓力。後來她學會「大項目分類、細節簡化」的原則，讓記錄成為輕鬆的生活習慣。

財務記錄的心理效益

除了實際的財務管理，記錄也能帶來心理層面的穩定與安全感。張先生分享，過去因收入不穩定總覺得心裡不踏實，後來開始記錄收支後，發現自己其實有足夠的資源，只是沒有被好好運用。心理學家馬斯洛（Abraham Maslow）指出，安全感是人類的基本需求，而有效的財務記錄正是這種安全感的來源。

第 2 章　設立目標：量身打造財富藍圖

2.4　理解家庭現金流

現金流：家庭財務的血液

在理財世界裡，現金流被譽為財務健康的基礎。理財專家指出，無論收入再高，若沒有穩定的現金流，家庭就像是沒有血液循環的身體，隨時可能陷入財務窘境。心理學家卡爾・榮格（Carl Jung）提醒：「穩定是源自於內在秩序。」現金流，正是這種秩序在財務世界中的展現。

現金流與家庭收支的關聯

現金流簡單來說，就是「收入進來的錢」與「花出去的錢」之間的差額。若收入大於支出，表示現金流為正，能累積財富與儲蓄；若支出超過收入，現金流為負，可能得依賴貸款或儲蓄帳戶。張先生分享，過去他們家有不錯的收入，但因為支出太過隨意，現金流經常為負，直到開始管理現金流，才發現了真正的問題所在。

不只是賺錢，更是管理

許多人誤以為只要賺得多，現金流自然會穩定。但理財專家提醒，賺得多不等於現金流管理得好。林太太說，他們

家雙薪家庭，收入中上，但由於沒有固定儲蓄計畫，開銷卻年年增加，現金流狀況並不理想。她說：「以前只在乎有沒有加薪，現在才知道，真正重要的是『錢留下來多少』。」

建立現金流的全貌圖

家庭管理現金流，第一步是畫出收支全貌圖。理財專家建議，可以用簡單的收支表或現金流表，記錄每個月的進帳與支出。陳先生分享，他們家每月月底用簡單表格記錄，將固定支出、彈性支出、投資與儲蓄分開呈現，讓每個人都能清楚掌握家庭的財務動態。

固定支出與變動支出的平衡

現金流管理的核心，在於控制固定支出與變動支出的比例。固定支出如房貸、保險、教育費等，是不可避免的；變動支出如外食、旅遊、娛樂，則能彈性調整。理財專家建議，若發現現金流吃緊，應從變動支出下手，避免過度影響家庭生活品質。黃先生分享，他們家曾透過減少外食頻率、重新安排娛樂支出，成功讓現金流由負轉正。

第 2 章　設立目標：量身打造財富藍圖

預留安全邊際：緊急預備金

　　穩健的現金流結構，還必須包含「緊急預備金」。理財專家提醒，家庭應至少準備 3～6 個月的生活費用，以應對突發事件。林先生說，兩年前家人生病住院，若不是有預備金，家庭財務幾乎崩盤。這段經驗讓他深深體會到，緊急預備金是現金流安全的保險。

收入多元化，現金流更有彈性

　　除了節流，開源也是強化現金流的關鍵。理財專家分享，現代家庭可透過副業、投資收益、技能變現等多元化方式，增加收入來源。蔡太太說，她利用烘焙專長接接外燴小單，讓家庭現金流更有彈性，也增添生活的成就感。

家庭溝通：現金流管理的關鍵

　　現金流不只是數字，更是家庭溝通的話題。理財專家指出，家庭若能定期討論現金流的狀況，將更能協調消費與儲蓄目標。周太太分享，他們家透過「月末理財對話」分享各自對生活的期待與困擾，讓現金流管理變得更有溫度，也更貼近每個人的需求。

2.5　清理家庭負債

負債：理財的雙面刃

在家庭理財中，負債既是風險也是機會。理財專家指出，若能善用負債，可能為家庭帶來成長的契機；反之，若負債過度或結構失衡，將成為家庭財務的枷鎖。心理學家卡爾·榮格（Carl Jung）提醒：「平衡是健康的基礎。」對家庭而言，清理與管理負債，正是建立穩健財務的第一步。

認識家庭負債的全貌

負債不只是房貸或車貸，還包含信用卡債、學貸、私人借貸等。林太太分享，他們家過去因不明確掌握負債總額，常常誤以為「還好」，直到一次銀行對帳時，才驚覺債務金額遠超過預期。理財專家建議，第一步應完整盤點負債明細，將所有負債金額、利率、每月還款額與到期日清楚列出，才能制定有效的還款計畫。

利率的迷思與現實

許多人只在意每月還款金額，卻忽略了「利率」對負債壓力的長期影響。黃先生分享，他起初只在乎房貸的月付金，

第 2 章　設立目標：量身打造財富藍圖

沒注意到變動利率對未來的負擔可能加重。後來在理財專家的提醒下，他重新評估房貸與信貸的結構，發現調整貸款條件可讓未來負擔更輕。這樣的經驗提醒我們，利率是影響負債壓力的重要因素。

制定還款策略：優先順序

有效的負債清理，必須建立「還款優先順序」。理財專家通常建議，先償還利率高、金額小的負債，因為這類債務的利息支出最多。張太太分享，他們家先集中償還高利率的信用卡債，減輕利息負擔後，再將資金投入較低利率的房貸還款，循序漸進清理債務。

開源節流，雙管齊下

清理負債的過程中，除了還款計畫，還需要結合「開源」與「節流」的雙管齊下策略。陳先生說，他透過副業接案與縮減娛樂開支，兩年內清償了大部分的債務。理財專家指出，穩定的收入增長與精簡的支出習慣，都是讓債務減輕、財務體質變強的關鍵。

避免以債養債的陷阱

許多家庭為了緩解短期壓力，選擇「以債養債」的方式，卻不知這可能讓問題越滾越大。林太太分享，她過去習慣以信用貸款還卡債，結果利息負擔更重。理財專家提醒，這種「債務轉嫁」若無法有效控制，最終會變成惡性循環。最好的方式，是正視債務本質，並從收入與支出兩端著手。

善用專業協助

當家庭負債壓力過大時，尋求專業協助往往能帶來新的解決方案。理財專家指出，信用評等公司或理財顧問能提供還款重整、利率協商等建議，協助家庭減輕負擔。黃太太分享，他們家透過理財顧問的協助，成功將房貸利率從2.5%降到1.8%，每月省下數千元的利息支出。

讓負債成為理財的起點

許多家庭以為負債是理財的「失敗證明」，但事實上，負債管理也是理財的一部分。理財專家分享，適度的負債能加速家庭資產累積，例如房貸常被視為「好債」，只要負債結構與家庭目標匹配，負債就能成為夢想實現的推手。陳先生分享，他透過適度的房貸與投資，既保有現金流，也讓家庭資產穩健成長。

第 2 章　設立目標：量身打造財富藍圖

2.6　資產負債比率分析

理解資產負債比率的重要性

在家庭理財與企業財務管理中，資產負債比率是衡量財務穩健程度的重要指標。理財專家指出，這個比率揭示了家庭的經濟結構是否健康，是否能在面對危機時保持彈性。心理學家卡爾・榮格（Carl Jung）說：「外在秩序反映內在穩定。」資產負債比率的檢視，正是維護這種秩序與穩定的關鍵工具。

什麼是資產負債比率

簡單而言，資產負債比率＝總資產 ÷ 總負債。比率越高，代表資產大於負債，家庭財務狀況越穩健；反之，若比率過低，表示負債壓力偏高，面對風險時較脆弱。理財專家提醒，這項比率不是單純的數字遊戲，而是理財決策與生活規劃的依據。

家庭理財的資產負債比率範圍

一般而言，家庭的理想資產負債比率應該保持在 2 以上，意即總資產是負債的 2 倍。林先生分享，起初他們家的

比率僅 1.2，後來透過增加儲蓄、減少不必要支出，終於在兩年內提升到 2.5，讓全家心裡更踏實。理財專家強調，每個家庭的生活型態與風險承受度不同，但高於 2 的比率能提供更強的安全緩衝。

如何計算家庭資產負債比率

透過以下步驟定期檢視比率：

(1)整理總資產：包括房產市值、現金、存款、投資與其他可換現金資產。

(2)整理總負債：包括房貸、車貸、信用卡與其他貸款餘額。

(3)用資產總額除以負債總額，得出比率。

這個簡單的算式，成為他們家理財規劃的重要依據。

比率背後的真實意義

周先生分享，過去他只在乎每月現金流，但後來發現資產負債比率更能看出家庭的抗風險能力。理財專家指出，這個比率其實是「財務安全網」的展現，能幫助家庭決定投資額度與負債的適當水位，讓理財決策不再盲目。

提高資產負債比率的策略

若發現家庭資產負債比率過低,該如何改善?理財專家分享以下幾項實務做法:

(1) 增加資產:如開發副業、投資收益、累積現金流。

(2) 減少負債:優先償還高利貸款,避免過度借貸。

(3) 重新檢視消費習慣:減少不必要的支出,將資金投入資產增值。

黃先生說,他們家將每月加班費專門用於清償信用卡債務,三年後不僅債務清零,資產負債比率也從 1.5 提升到 3,家庭氛圍更輕鬆。

資產負債比率與家庭夢想

資產負債比率不只是冷冰冰的數字,更是家庭夢想的後盾。蔡太太分享,他們家想要出國留學深造,透過檢視資產負債比率,決定了儲蓄與投資策略,確保未來的夢想不會因資金問題受阻。理財專家指出,資產負債比率讓夢想更有底氣,也讓家庭在追夢路上更有信心。

避免過度樂觀與悲觀

在面對資產負債比率時,理財專家提醒,避免兩種極端:

- 過度樂觀:以為資產多就能隨便花,忽略負債可能攀升。
- 過度悲觀:覺得負債是絕對的負擔,忽略適度運用負債可助長資產增值。

周太太分享,他們家曾因房貸感到壓力,但後來明白房貸也是「好債」,關鍵是利率與還款結構。這樣的轉念,讓她更願意和家人討論理財策略。

2.7 消費習慣的財務檢視

消費習慣與財務健康的關聯

在家庭理財中,消費習慣是最貼近生活、影響財務狀況的關鍵。理財專家指出,許多家庭雖然有穩定收入,但因消費習慣不良,導致資產負債比率下降、現金流吃緊。心理學家卡爾·榮格(Carl Jung)提醒:「生活方式的選擇,反映了心靈的秩序。」透過檢視消費習慣,家庭不僅能提升財務安全感,還能為夢想鋪路。

第 2 章　設立目標：量身打造財富藍圖

建立財務檢視的動力

消費習慣的檢視，不是責怪或自責，而是幫助家庭看清真實的財務狀況。黃先生說，他透過記帳 App 發現，原本以為只是「小確幸」的日常咖啡外送，竟占了每月收入的 10％。這樣的發現，讓他決定重新調整習慣。心理學家丹尼爾・康納曼（Daniel Kahneman）指出，認知與行動的落差，常是理財迷思的根源。透過檢視，能讓行動更貼近理財目標。

分析固定與變動支出

理財專家分享，檢視消費習慣時，應先區分固定支出與變動支出。固定支出如房貸、保險、學費等，通常無法輕易調整；變動支出如飲食、服飾、娛樂，則是檢視的重點。林太太分享，他們家透過調整變動支出，成功每月省下近萬元，現金流與家庭氣氛都大有改善。

消費習慣的心理動因

許多不理性的消費，往往來自潛在的心理需求。心理學家馬斯洛（Abraham Maslow）提出，安全感與社交需求會影響消費選擇。蔡太太說，她過去常因社交場合的壓力而超支，後來學會分辨哪些是真正需要，哪些是「面子開銷」。理財專家提醒，理性檢視消費習慣，也是一種自我認識與成長。

消費與夢想的平衡

理財不是一味壓抑消費,而是找到夢想與生活品質的平衡點。理財專家指出,適度的娛樂與休閒支出,能讓生活更有幸福感。周先生說,他們家每月會預留一筆「夢想基金」,用於小旅行或家庭聚餐,這樣的安排讓消費更有意義,也讓節制不再是苦差事。

減法思維與永續生活

檢視消費習慣,也是一種「減法理財」。陳太太分享,他們家開始推動「極簡生活」,不再盲目購物,反而更珍惜現有的資源。心理學家卡爾·榮格(Carl Jung)提醒,減法不只是省錢,更是生活態度的轉變,讓財務與心靈都更自由。

2.8 建立家庭財務底線

財務底線:穩健的保障

在家庭理財的過程中,「財務底線」是確保生活不受風險動搖的關鍵。理財專家指出,家庭若沒有明確的底線,面對收入波動、突發支出時,就容易陷入手足無措的境地。心理

第 2 章　設立目標：量身打造財富藍圖

學家卡爾・榮格（Carl Jung）提醒：「真正的安全感，來自內在的秩序與界限。」家庭財務底線，正是這種秩序的實踐。

什麼是家庭財務底線

簡單來說，財務底線就是家庭在任何情況下都要守住的最低限度：不能低於的儲蓄額度、不能超過的負債比例，以及面對危機時的資金安全網。林太太分享，他們家設定了「三個月生活費」作為不可動用的預備金，讓她在先生短暫失業時仍能保持平穩心態。

建立底線的三大支柱

理財專家指出，家庭財務底線通常由以下三大支柱構成：

- 緊急預備金：通常是 3～6 個月的生活費，專門應付醫療、失業等突發狀況。
- 合理負債比率：房貸、車貸等負債總額不應超過年收入的 5 成，以確保壓力在可承受範圍。
- 基礎儲蓄與保險：除了一般儲蓄，還要有足夠的保險作為風險緩衝。

財務底線與生活品質

有人誤以為財務底線的建立,就是讓生活變得刻苦;事實上,它是為了讓生活更穩健、品質更有保障。張先生分享,他們家把「不動用的底線儲蓄」與「夢想基金」分開管理,既守住安全網,也讓生活充滿期待。心理學家丹尼爾‧康納曼(Daniel Kahneman)指出,心理的安全感,能讓人更積極追求夢想,而不是被壓力拖垮。

避免「過度自信」的陷阱

許多家庭因收入穩定而忽略財務底線的重要性。林先生分享,過去他總覺得「收入穩定,不需要太多預備金」,結果當疫情來襲、收入中斷時,才深深體會到底線的重要。心理學家馬斯洛(Abraham Maslow)指出,安全感的缺口,往往是在風險發生時才被看見。

財務底線與夢想的平衡

家庭財務底線不是與夢想衝突,而是夢想的基礎。理財專家強調,唯有先穩住基礎,才能在安全無虞的前提下,勇敢追求生活的可能性。黃太太說,他們家透過「底線+夢想基金」的雙軌制,讓孩子在學習鋼琴、安排家庭旅行時,都能安心享受,而不用擔憂下一步。

2.9　確認家庭資金安全網

資金安全網：穩定生活的後盾

在家庭理財藍圖中，資金安全網是不可或缺的一環。理財專家指出，這不只是「有沒有存錢」的問題，而是一種讓家庭在面對風險時，仍能保持尊嚴與信心的保障。心理學家卡爾‧榮格（Carl Jung）提醒：「真正的安全感，來自於對未來變數的從容應對。」家庭資金安全網，正是這種從容的基礎。

資金安全網的概念

資金安全網，指的是當收入中斷、發生意外或面臨生活變故時，家庭仍能維持生活水準與基本需求的資金儲備。張太太分享，他們家把這個安全網視為「看不見的雨傘」，平時或許不覺得重要，但當風雨來襲時，才知道它的珍貴。

安全網的三大層次

理財專家指出，完整的資金安全網通常包含三大層次：

- 緊急預備金：面對失業、醫療等突發事件。

◆ 基本保險：醫療險、意外險等，轉嫁重大風險。
◆ 穩健的現金流：日常生活不被打亂。

建立緊急預備金的原則

理財專家提醒，緊急預備金應至少為 3～6 個月的生活費。林太太說，他們家每月固定提撥薪資的 10％ 作為預備金，雖然剛開始覺得辛苦，但當有親人住院時，她才深刻體會到「平時多準備，危機時就少恐慌」。

保險配置：風險轉嫁的智慧

除了現金儲備，保險也是資金安全網的重要支柱。黃先生分享，他在理財專家的協助下，重新檢視全家的醫療險與意外險，避免保障不足或重複。理財專家指出，適度的保險能將突如其來的風險轉嫁給專業機構，避免單一事件讓家庭陷入困境。

靈活現金流的重要性

資金安全網的第三層，是確保現金流穩定。蔡太太說，他們家透過記帳 App 與家庭理財會議，確保每月都有足夠現金支付生活必需。心理學家馬斯洛（Abraham Maslow）認為，

第 2 章　設立目標：量身打造財富藍圖

安全感的基礎是「可預見性」。家庭若能預見未來數月的資金動態，就能減少焦慮，增加信任。

避免安全網的盲點

資金安全網若設計不當，也可能產生盲點。理財專家提醒，常見的盲點包括：

◆ 只存現金，不考慮保險保障；
◆ 安全網額度不足，無法應對真正的危機；
◆ 家庭成員對安全網沒有共識，無法形成支持。

陳太太分享，過去他們家只存錢卻忽略醫療險，直到親人住院花費龐大才驚覺保障缺口的重要。

小結　打造夢想藍圖的財務基石：從認清現況到設下底線

本章強調，家庭理財不能只是「有錢再說」，而應從認識收支現況開始，逐步建立明確的財務目標與保障機制。從收支與資產盤點、記帳與現金流管理，到負債檢視、資產負債比率的分析，這一章提供了具體可行的操作架構，協助家庭

小結　打造夢想藍圖的財務基石：從認清現況到設下底線

掌握財務節奏。進一步探討了消費習慣的反思與修正、財務底線的設立、資金安全網的建構，讓家庭不僅能穩住基本生活，更有餘裕追求夢想與長遠規劃。這些步驟看似技術性的管理，實則是通往理想生活的精神準備與行動指南，是打造「量身定做財富藍圖」不可或缺的根基。

第 2 章　設立目標：量身打造財富藍圖

第 3 章
財務報表活用術：看清家庭經濟

第 3 章　財務報表活用術：看清家庭經濟

3.1　家庭財務報表的基本知識

理解財務報表的重要性

在家庭理財的世界裡，財務報表就像一面鏡子，能清楚反映家庭的經濟狀況與未來的理財方向。理財專家指出，透過系統化的報表編制，家庭不僅能檢視現狀，還能更精準地做出理財與投資決策。心理學家卡爾·榮格（Carl Jung）提醒：「內在秩序是外在秩序的基礎。」建立家庭財務報表，正是將秩序化為具體的行動。

什麼是家庭財務報表

家庭財務報表，顧名思義是將家庭的經濟活動，用系統化方式呈現的文件。最常見的報表包含資產負債表、現金流量表與收支表。林先生分享，他們家透過這三份報表，能快速了解每月的儲蓄進度與投資成效，避免因為資訊不對稱而做出錯誤決策。

資產負債表的基本構成

資產負債表顯示家庭的財務全貌，包括所有擁有的資產與負債。理財專家指出，編制時可將資產分為流動資產（如

現金、定存）與非流動資產（如房產、不動產）；負債則包括房貸、信用貸款等。陳太太說，她們家透過資產負債表發現，原以為穩健的財務結構，其實有潛藏的高利貸款風險，進而調整理財策略。

收支表的日常應用

收支表是最直觀的理財工具，記錄每筆收入與支出項目。周太太分享，他們家透過收支表發現，日常的便利商店消費累積起來是一筆不小的開銷，於是開始調整生活習慣。理財專家建議，家庭應定期檢視收支表，找出「金錢漏洞」並優化開銷結構。

報表編制的實務步驟

理財專家分享，編制家庭財務報表可依循以下步驟：

- 第一步，蒐集資料，包括銀行對帳單、投資報表等；
- 第二步，分類整理，將每項資產、負債與收入、支出項目明確區分；
- 第三步，定期更新與檢視，確保資料的即時性與正確性。

第 3 章　財務報表活用術：看清家庭經濟

報表的家庭溝通功能

家庭財務報表不只是數字，它更是家庭溝通的橋梁。黃太太分享，透過與丈夫共同檢視報表，他們能更有默契地討論未來的夢想與理財策略。理財專家強調，報表的透明化有助於消弭誤解與衝突，讓理財成為家庭的凝聚力來源。

避免常見錯誤與迷思

理財專家提醒，許多家庭在編制報表時常掉入以下迷思：

- 過度簡化，忽略隱藏的支出項目；
- 只重視資產總額，忽略負債結構；
- 報表編制後未持續更新，失去參考價值。

張先生分享，過去他們家因未持續更新報表，誤以為財務安全，結果面對突發支出時捉襟見肘，才痛下決心建立紀律化更新機制。

報表的智慧運用與成長

家庭財務報表不只是理財工具，更是促進財務成長與夢想實現的「行動計畫書」。陳先生分享，他們家透過報表不斷調整資產配置，從被動管理到積極布局，讓財務更貼近家庭

的夢想。心理學家馬斯洛（Abraham Maslow）認為，自我實現需要從基本需求的滿足開始，而報表正是這條路的起點。

3.2 製作完整的家庭資產負債表

家庭資產負債表的意義

在家庭理財的藍圖中，資產負債表扮演著「財務健康檢查表」的角色。理財專家指出，透過製作完整的資產負債表，家庭能更精準掌握現況，調整資產配置與負債結構。心理學家卡爾・榮格（Carl Jung）提醒：「認識真實的自己，才能面對外在的挑戰。」家庭的資產負債表，就是讓夢想落實的真實起點。

什麼是資產負債表

資產負債表，又稱為財務狀況表，是系統性呈現家庭擁有的資產總額與負債總額的文件。它能反映家庭的財務安全度、償債能力與夢想實現的可行性。透過這張表，不再只是憑感覺理財，而是用數據作為決策的依據。

第 3 章　財務報表活用術：看清家庭經濟

資產的分類與計算

理財專家提醒，製作資產負債表，首要工作是盤點資產。一般可分為：

- 流動資產：現金、存款、短期投資，能迅速變現應急。
- 非流動資產：房產、車輛、長期投資等，雖不易變現，但能穩健保值。

蔡太太分享，他們家盤點後發現，雖有房產但現金不足，於是重新配置部分資產，讓生活更有彈性。

負債的類別與確認

接下來是盤點負債，主要包括：

- 房貸、車貸等長期負債。
- 信用卡債、學貸等短期負債。

理財專家指出，盤點負債時，不應只看總額，也要註記利率與每月還款額，才能精準掌握負擔。黃先生分享，他們家起初只專注清償車貸，卻忽略高利息的信用卡債，經過調整後，省下不少利息支出。

3.2 製作完整的家庭資產負債表

製作步驟：從盤點到報表

理財專家分享，製作完整資產負債表可分為：
(1) 蒐集資料：銀行對帳單、貸款明細等。
(2) 列出項目：分別列出各項資產與負債。
(3) 註明細節：如市值、持有人、利率等。
(4) 計算淨值：資產總額減去負債總額。
(5) 定期更新：建議每三至六個月檢視一次。

透視家庭淨值：財務體質的展現

資產負債表的核心在於「淨值」：資產總額減負債總額的結果。理財專家提醒，淨值成長比單純收入成長更關鍵，因為它代表家庭真正的財務實力。

調整與優化的契機

完整的資產負債表不只是靜態紀錄，更是動態調整的工具。張先生分享，發現投資比例過高影響了緊急預備金，他們家便調整投資方向，讓報表更符合實際需求。理財專家指出，只有透過不斷更新與優化，資產負債表才能成為家庭財務的羅盤。

第 3 章　財務報表活用術：看清家庭經濟

資產負債表與家庭溝通

理財並非一人之事，資產負債表的透明度，能促進家庭成員的共識與支持。黃太太說，他們透過共同盤點資產與負債，讓全家都參與夢想的規劃，家庭氣氛更緊密。心理學家馬斯洛提醒，尊重與理解是長期幸福的基礎，而透明化的財務管理正是關鍵。

避免資產負債表的盲點

理財專家指出，資產負債表的常見盲點包括：

- 高估資產價值，忽略折舊或市場變動；
- 低估負債壓力，僅看每月還款而忽視總額；
- 報表編制後未持續檢視，失去參考意義。

陳太太分享，過去他們家認為房子市值高就安全，忽略現金流壓力，後來重新檢視報表才發現潛在風險。

3.3 家庭現金流量報告

現金流量報告的定位

在家庭理財中,現金流量報告是一份能即時反映家庭收支動態的工具。理財專家指出,現金流量報告不只是數字紀錄,更是檢視家庭經濟脈動與彈性的重要文件。管理學大師彼得・杜拉克(Peter Drucker)曾強調:「無法衡量,就無法管理。」對於家庭來說,現金流量報告正是衡量與管理的起點。

什麼是現金流量報告

簡單來說,現金流量報告記錄家庭在特定期間內,所有現金的收入與支出狀況。不同於靜態的資產負債表,現金流量報告著重在「資金進出過程」,讓家庭能掌握收支變化與現金流向。林先生分享,他透過這份報告發現,原來孩子的補習支出成長過快,提前調整以避免壓力累積。

報告的結構與內容

理財專家指出,標準的家庭現金流量報告應包含三部分:

- 一是現金收入,例如薪資、獎金、投資收益;

第 3 章　財務報表活用術：看清家庭經濟

- 二是現金支出，分為固定支出（房貸、保險等）與變動支出（生活費、娛樂等）；
- 三是淨現金流，即收入減支出的結果。透過明細化紀錄，能更明確看出「錢的去向」。

建立報告的步驟

建立現金流量報告的步驟包括：

(1) 蒐集收支憑證，如發票、對帳單等；

(2) 分類記錄，明確標示項目與金額；

(3) 彙整成表格，每月或每季更新一次；

(4) 檢視淨現金流的走勢，判斷家庭是否處於健康的財務狀態。

這樣的系統化管理，讓人們不再只是憑感覺「覺得沒問題」。

為什麼現金流量報告重要

社會學者安東尼・傑登斯（Anthony Giddens）曾指出，現代社會充滿變動與風險，理財更需要具備即時反應的能力。現金流量報告能提供即時的財務全景，讓家庭在面對失業、醫療或其他突發支出時，能從容應對。

固定支出與變動支出的管理

現金流量報告能協助家庭分辨「必須」與「想要」。理財專家建議，先列出固定支出如房貸、保險費、學費，再審視變動支出如外食、娛樂等。周太太說，他們家透過這樣的分類，發現只要稍微調整娛樂支出，就能大幅提升每月的結餘，開始建立「夢想基金」。

報告的彈性與更新頻率

理財專家建議，家庭應至少每季更新一次現金流量報告；若遇到收入或開銷有重大變化時，更應即時更新。黃先生分享，他每季用報表對照家庭的年度目標，檢視是否有偏離或需要微調。這樣的彈性，能讓家庭更快適應變局。

報告與投資決策的連結

現金流量報告不只是日常管理，也能幫助家庭做出更理性的投資決策。蔡先生說，報告顯示家庭結餘穩定後，他們才開始考慮基金與股票的配置，避免過度投入而影響基本生活。行為經濟學家理查·塞勒（Richard Thaler）強調，財務決策往往受情緒左右，透過報表的數據支持，能降低衝動性決策的風險。

避免常見迷思與錯誤

許多家庭會誤以為現金流量報告只是「收支表」的翻版。事實上,理財專家指出,收支表是單筆紀錄,而現金流量報告著重「期間內的淨流動狀態」,能更精準反映財務彈性。陳太太分享,過去她只看單月收支,未發現有季節性開銷,透過現金流量報告,才真正掌握全年的財務波動。

3.4 每月收支表的設計與分析

每月收支表的定位

在家庭理財的日常中,每月收支表是最常用、也最基礎的理財工具。理財專家指出,這張表不只是紀錄,更是檢視生活方式與金錢使用習慣的窗口。經濟學家約瑟夫・史迪格里茲(Joseph Stiglitz)曾說:「數據是決策的根本。」對於家庭理財而言,收支表就是讓決策建立在真實數據基礎上的第一步。

什麼是每月收支表

每月收支表簡單來說,就是把當月所有的收入與支出,依照項目與金額進行系統化記錄。林先生分享,他們家從只

3.4 每月收支表的設計與分析

靠感覺理財,到有了明確的收支表後,才真正看見哪些支出值得、哪些支出需要調整。

收支表的設計結構

理財專家建議,收支表通常包含以下欄位:

- 日期:每筆收入與支出的發生日。
- 項目:明確標示是生活費、房貸、交通費或其他類別。
- 收入金額與支出金額:讓金錢流動一目了然。
- 備註:記錄特殊花費或原因,為後續檢討提供依據。

黃太太說,他們家在備註欄記錄「孩子學費增加」等原因,幫助他們找到解決方式。

分析的關鍵:分類與比較

收支表的核心在於「分類」與「比較」。理財專家指出,家庭可將收支分為「固定支出」與「變動支出」兩大類,並定期比較各月變化。陳太太說,透過比較,她發現外食開銷不斷上升,決定嘗試「週末自己煮」來平衡支出。

第 3 章　財務報表活用術：看清家庭經濟

固定支出與變動支出的管理

　　固定支出如房貸、保險、交通費等，通常難以削減，但能透過優化或重新議價減輕壓力。變動支出如飲食、娛樂、服飾等，彈性大、調整空間也最多。張先生說，他們家先從變動支出檢討，避免「看似小」的開銷累積成財務壓力。

避免常見迷思：過度簡化與過度複雜

　　理財專家提醒，許多家庭在設計收支表時容易犯兩種錯誤：

◆ 一是過度簡化，只記錄總額，卻看不到細項與結構；
◆ 二是過度複雜，項目過細，反而造成使用壓力。

　　蔡太太說，他們家經過幾次嘗試，找到最適合的平衡：記錄重要項目並保持靈活度，才能持久執行。

收支表與家庭溝通

　　每月收支表的最大價值，往往不只是數字，而是增進家庭成員的了解。林太太分享，他們家每月底會討論收支表，並決定下個月的夢想目標。這樣的習慣，讓金錢不再是壓力，而是連結彼此的橋梁。社會學者安東尼・傑登斯（Anthony Giddens)指出,現代社會的幸福感往往來自於「有意義的連結」,家庭理財就是實踐的起點。

3.5 家庭投資檔案記錄

投資檔案的重要性

在家庭理財的世界裡,投資不只是買賣的數字遊戲,更是與夢想息息相關的長期規劃。理財專家指出,家庭若能做好投資檔案記錄,才能讓每一次投資都成為學習與修正的機會。經濟學家約瑟夫·史迪格里茲(Joseph Stiglitz)提到,清楚的數據與紀錄能有效支援決策,降低情緒衝動的影響。

什麼是投資檔案

投資檔案,是將家庭所有投資行為與標的,依據類別、金額、時間、報酬率與風險等要素,系統化整理與保存的資料庫。林先生分享,過去他只在乎投資的「結果」,直到開始記錄檔案,才明白投資決策過程本身,也是一種累積智慧的方式。

第 3 章　財務報表活用術：看清家庭經濟

建立投資檔案的好處

理財專家指出，家庭若有完整的投資檔案，能帶來三大好處：

- 一是回顧與反思，從過去的經驗找出適合自己的策略；
- 二是透明與溝通，讓家庭成員能一起了解投資的進度與風險；
- 三是提高應變能力，面對市場波動能快速調整步伐。

投資檔案的內容與分類

完整的投資檔案應包含以下要素：

(1) 投資標的：如股票、基金、不動產等。

(2) 投資金額與比例：清楚標示每項投資在家庭財務中的占比。

(3) 進場與出場時間：記錄投資的起點與結束點。

(4) 報酬率與成本：計算實際報酬與持有成本。

(5) 投資決策理由：包括市場背景、個人判斷與參考依據。

記錄決策理由，讓人們在未來檢討時更有依據，避免「事後記憶美化」。

投資檔案與風險管理

家庭投資往往伴隨風險，投資檔案能幫助家庭做好風險管理。周先生分享，他們家在投資高收益商品時，透過檔案檢視投資比例，確保不會影響生活安全網。行為經濟學家理查‧塞勒（Richard Thaler）提到，透明的紀錄有助於克服人性的盲點與過度樂觀的偏誤。

避免投資迷思：數據勝於直覺

許多家庭在投資時，過度依賴直覺或道聽塗說，忽略系統化記錄的力量。理財專家指出，投資紀錄能提供長期數據，幫助家庭跳脫短期市場雜音。張太太說，透過投資檔案，她發現過去常因市場情緒而錯失長期報酬，現在更能理性面對波動。

投資檔案與家庭溝通

投資檔案也是家庭溝通的橋梁。理財專家提醒，透過共享檔案，能避免「各說各話」的矛盾，增進彼此的理解。張先生說，透過每季一次的「家庭投資報告會議」，全家能一起檢視投資績效與未來目標，凝聚更多的共識與信任。

第 3 章　財務報表活用術：看清家庭經濟

培養紀律與耐心

投資檔案的最大意義，並不在於完美的數字，而是培養家庭在理財上的紀律與耐心。社會學者安東尼・傑登斯（Anthony Giddens）指出，現代生活的壓力常讓人衝動行事，投資檔案則能提供一個冷靜與理性的空間。

3.6　保險與保障明細整理

保險：家庭財務安全的防線

在家庭理財藍圖中，保險與保障明細是不可或缺的一環。理財專家指出，保險就像家庭財務的「安全網」，讓生活在面對不可預期的變數時，仍能保持穩定與尊嚴。經濟學者阿馬蒂亞・森（Amartya Sen）指出，安全感與社會保障是生活福祉的重要組成。對臺灣家庭而言，保險不只是產品，而是一種面對未來風險的智慧選擇。

家庭常見的保險類別

理財專家提醒，家庭保障明細的第一步，是搞清楚常見的保險類別：

- 醫療險：應對生病或意外住院等醫療支出。
- 意外險：轉嫁突發事故帶來的財務衝擊。
- 壽險：為家人的生活與教育提供保障。
- 財產險：保護房產、汽車等資產。
- 長照險：應對高齡化帶來的長期照護需求。

陳先生分享，他們家起初只投保基本醫療險，後來在學習過程中，認識到財產險與長照險對未來生活的重要性。

明細整理的必要性

家庭若沒有系統化整理保障明細，可能在關鍵時刻才發現保障缺口。張太太說，她們家在疫情期間，因為保單散落各處，理賠手續繁瑣而感到壓力。後來學習建立完整的保障明細，才真正體會到「整理」帶來的安心感。

建立保障明細的步驟

理財專家建議，家庭可依循以下步驟建立保障明細：

(1) 收集資料：包括各保單的保險公司、產品名稱、保額與繳費方式。

(2) 製作表格：將保障分為醫療、意外、壽險、財產與長照等類別。

(3) 檢視保障內容：確認保障範圍是否符合家庭需求。

(4) 註明負責人與文件位置：方便理賠或更新。

黃先生分享，他們家用雲端表格管理，每次更新自動通知全家人，讓保障成為全家的共識。

保障缺口與生活風險

理財專家指出，明細整理後，常能發現「保障缺口」。這些缺口可能來自保障金額不足、保障範圍過窄，或家庭結構變化（如孩子出生）。社會學家烏爾利希・貝克（Ulrich Beck）曾強調，現代社會充滿風險意識，家庭理財更需「未雨綢繆」。林太太說，他們家在孩子出生後，立刻檢視壽險與醫療險，確保孩子的成長不會因經濟風險受阻。

保障明細與預算分配

整理保障明細的另一個價值，是協助家庭做出預算分配的抉擇。周先生分享，發現每月保費占家庭收入的20％，經過討論，重新分配資源，減少重複與不必要的保單，讓現金流更健康。行為科學家凱斯・桑斯坦（Cass Sunstein）提醒，適度檢討保障與預算，能避免「保障過度而生活受限」的風險。

定期檢視與滾動修正

保障明細並非一成不變。隨著家庭成長、收入變動與生活需求改變，保障也應該持續更新。林先生說，他們家每年固定檢視一次保險內容，確保與家庭目標一致。理財專家提醒，理財就像跑馬拉松，持續調整才能保持最佳狀態。

3.7 分析家庭風險結構

風險結構：家庭理財的隱藏地圖

在家庭理財藍圖中，風險結構往往被忽略，但它卻是決定家庭穩健與否的重要基礎。理財專家指出，了解並分析家庭風險結構，能幫助家庭在面對變局時更有彈性與安全感。社會學家齊格蒙・鮑曼（Zygmunt Bauman）認為，現代社會的生活型態充滿變動與不確定，理財若能預見風險，才能保持從容。

什麼是家庭風險結構

家庭風險結構，指的是家庭在收入、支出、資產與負債等各面向上，可能面對的風險種類與強度。這包括：

第 3 章　財務報表活用術：看清家庭經濟

- ◆ 收入風險：如失業、減薪等帶來的收入中斷。
- ◆ 支出風險：如醫療支出、孩子教育費用增加等。
- ◆ 投資風險：如市場波動、投資失利。
- ◆ 負債風險：如過高的房貸、信用卡債務等。

黃先生分享，他過去以為只要收入穩定就沒有風險，直到孩子出生後才發現，教育與醫療支出也可能成為「無形的風險來源」。

收入風險：多元化的關鍵

收入風險是家庭財務結構最常見的問題。陳太太說，他們家原本只仰賴先生一人的薪水，當先生因產業調整失業時，家庭財務頓時陷入壓力。理財專家建議，現代家庭應透過多元收入來源分散風險，例如副業、投資收益或夫妻雙薪等，以確保收入不被單一工作掣肘。

支出風險：看不見的破口

生活中常見的支出風險，往往是無法預期的醫療與教育費用。林先生分享，父母年邁帶來的長期照護需求，讓他們家一度入不敷出。社會學者安東尼·傑登斯（Anthony Giddens）提到，現代生活的「看不見的破口」更值得家庭注意。

理財專家提醒，透過建立緊急預備金與適度保險配置，能降低這些風險的衝擊。

投資風險：市場波動的挑戰

周太太說，她們家曾在股市過熱時投入大量資金，結果市場回檔造成投資損失。經濟學者羅伯特‧席勒（Robert Shiller）提醒，市場的非理性繁榮往往是投資風險的溫床。理財專家指出，家庭在投資前應充分了解風險承受度，並維持多元化配置，避免「單壓一支股票」或過度樂觀。

負債風險：甜蜜的負擔還是風險的種子

負債管理得宜時是家庭成長的推手，但若結構失衡，可能成為壓垮家庭的負擔。張太太分享，他們家一度同時有房貸與車貸，當收入減少時，龐大的利息壓力讓她夜夜失眠。理財專家強調，負債總額與年收入的比例應保持合理，避免因債務過度而失去生活彈性。

第 3 章　財務報表活用術：看清家庭經濟

風險結構的分析方法

理財專家建議，家庭可以透過以下方式分析風險結構：

- 檢視家庭財務報表：從收支表、現金流量表與資產負債表著手。
- 列出各類風險來源：收入、支出、投資、負債等面向。
- 量化與排序風險：依風險發生的可能性與影響程度排序，建立優先處理清單。

蔡先生說，透過量化分析，他們家發現雖然房貸利息高，但相較於醫療費用風險，仍屬可控範圍，讓家庭決策更有方向感。

風險結構與家庭溝通

分析風險結構，也是家庭溝通的重要契機。黃先生說，孩子出生後，他們夫妻重新討論家庭責任與保障，透過明確分工與共識，讓生活更有信心。管理學專家彼得・杜拉克（Peter Drucker）強調，溝通是組織運作的根本，家庭理財亦如是，風險分析是對話的起點。

3.8 年度財務報告與檢討

年度財務報告的角色

在家庭理財藍圖中,年度財務報告與檢討是總結過去、展望未來的重要環節。理財專家指出,這份報告就像「家庭財務的健康報告書」,讓每個人都能看見自己的努力與進步,也能釐清未來的目標。企業管理大師詹姆·柯林斯(Jim Collins)說過:「好的開始來自於誠實的檢討。」家庭年度財務報告,正是讓夢想更具體、路徑更清晰的第一步。

什麼是年度財務報告

家庭的年度財務報告,通常包括以下內容:

- 家庭收支總結:全年總收入、總支出及淨結餘。
- 資產負債表:年底時的資產與負債狀況。
- 投資績效報告:回顧投資組合的報酬與風險。
- 保障檢視:保險與緊急預備金的充足度。
- 家庭夢想與目標的進展:與年初規劃的對比。

林太太說,他們家透過這份報告,能把平日的理財行動與夢想目標串聯起來,讓生活更有方向感。

第 3 章　財務報表活用術：看清家庭經濟

製作步驟與執行節奏

理財專家建議，家庭可在年底或新年初，安排一天專屬的「財務年檢日」。步驟包括：

(1) 整理全年收支明細與帳單。

(2) 檢視資產負債表，更新資產市值與負債餘額。

(3) 評估投資績效，計算年化報酬與波動。

(4) 檢討保險配置與保障缺口。

(5) 記錄未達成的目標與學到的經驗。

數據背後的洞察

家庭年度報告不只是數字遊戲，更是洞察家庭經濟行為的契機。社會學者曼威·柯司特（Manuel Castells）認為，資訊社會的最大挑戰是數據的解讀與應用。周先生說，透過財務報告，他才驚覺生活中的「小花費」長期累積，竟比大宗開銷還要影響家庭結餘。

目標對比與夢想的檢視

年度檢討也是檢視家庭夢想進度的機會。蔡太太分享，他們家每年初都會設定旅行或大目標，透過年度報告比對進

度，讓夢想不只是口號。理財專家提醒，這樣的檢討不只是數字的調整，更是夢想的修正與行動計畫的再出發。

投資與風險檢討

投資是許多家庭的重要收入來源，但也是風險的根源。理財專家建議，年度報告中應檢視投資組合的比例、績效與風險承受度。黃太太說，他們家過去偏好高風險商品，後來發現波動過大影響生活品質，便重新配置穩健型投資。經濟學家保羅・克魯曼（Paul Krugman）提醒，面對市場波動，最重要的是保持理性與彈性。

3.9　財務目標的年度回顧

年度回顧的重要性

在家庭理財規劃中，財務目標的年度回顧是讓夢想從紙上走進生活的關鍵步驟。理財專家指出，許多人把目標視為「新年決心」，卻忽略了「定期檢視」才能讓目標更靠近現實。組織心理學家艾德・夏恩（Edgar Schein）認為，持續回顧能培養彈性與學習力，是面對生活挑戰的必要素養。

第 3 章　財務報表活用術：看清家庭經濟

什麼是財務目標的回顧

　　財務目標回顧，指的是家庭將年初所設定的理財與生活目標，進行系統性檢視與對比。它不只是單純比對數字，更是重新思考「這些目標是否仍適合我們的生活」，並據此調整後續的行動。黃先生說，他們家每年年初都會規劃目標，年底再透過回顧找出哪些達成、哪些需要修改，讓理財更貼近生活。

回顧的步驟與方法

　　理財專家建議，年度回顧可依以下步驟進行：

　　(1) 重新確認年初設定的目標，分為短期（如每月儲蓄）、中期（如孩子教育基金）與長期（如退休規劃）。

　　(2) 收集數據：檢視收支報表、資產負債表與投資報表，找出達成率。

　　(3) 分析原因：目標是否因外部環境改變，還是自己行動力不足？

　　(4) 與家人討論：全家共識更能讓修正目標更有效。

目標達成的喜悅與自信

　　完成目標的過程，能帶給家庭成員成就感與自信。周先生分享，他們家年初設定儲蓄 20 萬元的目標，透過嚴格執行

收支控管，年底達成 25 萬元。這樣的成就感，讓他與妻子都更願意在新的一年再設定更有挑戰性的目標。理財專家提醒，理財的過程不只是數字，更是累積信心與幸福感的過程。

目標未達成的反思與學習

當然，回顧過程中，也可能發現有些目標未能如願。張太太分享，他們家原想透過副業增加收入，但因工作時間有限，副業推進不如預期。這樣的經驗讓他們學會更務實地設定目標。行為經濟學家理查・塞勒（Richard Thaler）指出，失敗是學習的催化劑，關鍵是找到失敗背後的模式與原因。

外部環境的變數與調整

許多時候，目標未達成並非全然是行動力不足，而是外部環境的劇變。2020 年後的全球疫情就是最好的例子。林先生說，疫情期間，他們家的旅遊基金目標無法達成，但反而轉向提升緊急預備金與醫療保險的配置。這樣的彈性調整，讓理財更貼近家庭的真實需求。

與家人分享目標進度

家庭理財目標的回顧，除了理性數據，也應成為情感連結的機會。黃先生說，他們家透過家庭理財日分享各自對目

標的感受與期望,讓彼此更有參與感。心理學家布芮妮‧布朗(Brené Brown)提醒,真誠的分享能增進家庭凝聚力,也是實現目標的重要支撐。

持續調整與未來規劃

理財專家強調,目標的回顧不是結束,而是下一步的起點。透過回顧找出需要加強的面向,並修正策略,才能讓新的一年更符合家庭的生活與夢想。林太太說,他們家透過每年的回顧,逐步從「只是想存錢」變成「想用金錢實現夢想」。

3.10 規劃下一年的家庭財務策略

新一年的財務起點

每年的年末或新年初,都是家庭重新整理理財方向的重要時機。理財專家指出,這不僅是設定新目標的時刻,更是檢討過去與調整未來的轉捩點。管理學者約翰‧柯特(John Kotter)提到,成功的改變總是始於明確的目標與願景。對家庭而言,下一年的財務策略,就是讓夢想更有可能實現的藍圖。

回顧是最好的起點

規劃下一年的財務策略,第一步就是回顧過去一年的財務表現。林太太分享,透過檢視家庭的年度財務報告,他們找到收入與支出結構的潛在問題,也看見努力後的成果。理財專家提醒,這樣的回顧能讓新年度規劃不只是憑空想像,而是根據真實的生活與數字基礎。

設定目標的技巧

目標若太模糊,就難以付諸實現。行為經濟學者理查・塞勒(Richard Thaler)提醒,明確、可衡量的目標更能驅動行動。張先生分享,他們家不再只說「明年要省錢」,而是設定「明年存下 20 萬元教育基金」等具體目標,讓執行更有方向感。

收入與支出的平衡策略

規劃下一年的財務策略,必須從收支平衡開始。理財專家建議,檢視家庭的收入來源是否多元穩健,並分析支出的必要性與彈性。黃先生說,他們家決定明年每月從變動支出中省下 10%,轉為儲蓄與投資,讓家庭的「安全感」逐步累積。

第 3 章　財務報表活用術：看清家庭經濟

投資規劃的再思考

新的一年，也是重新檢視投資策略的關鍵時機。周太太分享，過去她們家過度依賴單一市場的投資，導致面對波動時壓力倍增。理財專家提醒，明年應考慮多元化投資，平衡風險與收益。經濟學家羅伯特·席勒（Robert Shiller）也強調，穩健的投資組合能提升家庭在市場波動中的抵抗力。

風險管理與保障檢討

家庭的財務策略若忽略風險管理，就像在海上航行卻沒帶救生圈。林先生說，他們家今年決定提升醫療保險的保額，為了應對不可預測的風險。社會學者曼威·柯司特（Manuel Castells）指出，現代社會的風險需要以更有彈性的方式面對，家庭理財策略也應不斷進化。

與家人共同討論的力量

理財專家認為，家庭理財不是一個人的任務，應是全家人共同的責任。黃太太分享，他們家每年都會舉辦一次「理財共識會議」，讓孩子也能表達對未來的想法。這樣的共識能讓家庭在執行新策略時，更有凝聚力與向心力。

小結
用財務報表說話：讓家庭經濟一目了然

　　本章以「財務報表活用術」為題，教導家庭如何掌握財務數據、提升經濟透明度與決策效率。從資產負債表與現金流量表的製作，到每月收支分析、保險明細與投資記錄的建立，章節內容豐富且實用。報表不只是靜態記錄工具，而是檢視現況、對應風險、調整策略的動態鏡像。特別是對風險結構的分析與年度財務報告的檢討，更是避免盲目支出與衝動投資的關鍵防線。結尾強調財務目標的回顧與策略重設，是理財過程中不可或缺的「期末考」與「新學期」：唯有透過數據佐證，家庭才能掌握節奏、實現資源最大化，也才能讓理財從盲目衝刺，轉化為有方向、有節奏、有智慧的穩步前行。

第 3 章　財務報表活用術：看清家庭經濟

第 4 章
投資工具大解密：選對武器贏財富

第 4 章　投資工具大解密：選對武器贏財富

4.1　存款與利率的選擇

存款：財務穩健的第一步

在所有投資理財工具中，存款是最基礎且最安全的理財起點。理財專家指出，無論收入高低，家庭都應該先有穩定的現金儲備。存款不僅是面對意外支出的安全網，也是一切投資與夢想的基礎。金融學家尤金·法馬（Eugene Fama）強調，穩健的現金流結構是理財規劃的核心。對臺灣家庭而言，善用存款與利率，就是掌握第一步財務安全的關鍵。

存款類型與特性

理財專家分享，常見的存款工具包括：

- 活期存款：資金靈活、可隨時提領，但利率較低。
- 定期存款：利率高於活存，但需在到期日後才能領回本金與利息。
- 外幣存款：以外幣計價，利率與匯率雙重影響，需審慎評估。

張先生說，他們家習慣將日常支出放在活存帳戶，並將每月結餘轉存定期，穩定累積財務安全感。

存款利率的多元面向

利率是決定存款報酬的關鍵。理財專家指出，利率受到央行政策、銀行競爭與市場資金需求影響。蔡太太分享，她會定期比較各銀行的定存利率，找到最適合家庭需求的選擇。經濟學者保羅・克魯曼（Paul Krugman）提醒，利率不只是數字，更是反映市場趨勢與風險偏好的重要指標。

如何挑選最合適的存款利率

吳先生說，他們家從不盲目追求最高利率，而是考量流動性與風險。理財專家建議，挑選存款方案時，應先問自己：

(1) 這筆錢需要隨時動用嗎？
(2) 是否能接受短期內無法提領的限制？
(3) 家庭還有其他緊急預備金可運用嗎？

透過這樣的自我檢視，才能找到最適合的利率方案。

外幣存款的風險與機會

外幣存款利率通常高於臺幣，但也帶來匯率風險。林先生分享，他曾在美元利率高時轉入外幣定存，結果因匯率波動反而賠了本金。理財專家提醒，外幣存款應視為資產配置的一部分，而非單一追求利率的工具。

第 4 章　投資工具大解密：選對武器贏財富

利率環境的變化與因應

利率不是一成不變，會隨著景氣循環而波動。金融專家克勞蒂亞・戈丁（Claudia Goldin）強調，家庭要有靈活應變的思維，隨時調整存款策略。黃太太說，他們家每半年檢視一次銀行利率動態，必要時重新配置資金，讓利息收入保持最大化。

4.2　投保智慧與保險功能

保險：家庭穩健的守護者

在家庭理財策略中，保險的角色常被視為「保障」而非「投資」。理財專家指出，保險並非用來賺錢，而是為了降低家庭在面對突發風險時的衝擊。管理學者彼得・杜拉克（Peter Drucker）認為，有效的風險管理是組織與個人穩定發展的基礎。對於家庭而言，投保就是打造安全感的重要一步。

為什麼家庭需要保險

張先生分享，過去他總覺得保險是「浪費」，直到家人生病時，龐大的醫療費用讓他體會到「有保險真好」。理財專家

提醒，家庭生活充滿變數，從醫療到意外、從財產到教育，每一個風險都有可能帶來財務壓力。透過適度投保，能把風險轉嫁給保險公司，減少生活的焦慮。

保險的基本功能

理財專家指出，家庭保險的功能可分為以下幾項：

- 風險轉嫁：讓大額損失由保險公司負擔，避免壓垮家庭。
- 現金流穩定：避免因突發事故而影響生活開銷。
- 保障家人生活：當主要收入來源遭遇意外或疾病時，保險金成為後盾。
- 長期照護：面對高齡化與長期照護需求，讓生活有更完整的規劃。

林太太說，他們家在父母退休後，重新檢視保險結構，讓照護與醫療保障更到位。

如何挑選適合的保險

保險產品琳瑯滿目，該如何挑選？蔡先生分享，他起初只看保費多少，後來才明白保障範圍才是關鍵。理財專家建議，投保時應先思考：

(1) 家庭收入來源穩定嗎？

(2) 家中是否有老人或小孩需要長期保障？

(3) 負債結構是否穩健？

透過這些問題，才能找到適合家庭需求的保險方案。

保險種類與配置策略

理財專家提醒，常見的保險種類包括：

- 醫療險：應對住院與門診支出。
- 意外險：保障因意外事故造成的損失。
- 壽險：當主要收入者不幸離世，保障家人生活。
- 重大疾病險：轉嫁癌症等高額醫療支出。
- 長照險：應對未來長期照護與生活支援。

黃先生說，他們家把醫療險與重大疾病險視為最基本保障，其他再視情況加強。

避免過度投保或不足投保

投保並非「越多越好」。理財專家提醒，過度投保可能讓保費成為生活負擔，反而影響現金流；但若投保不足，面對風險時又可能力不從心。周太太分享，他們家每年都固定檢視保險配置，避免保障不足或重複保單浪費。

保險與理財的平衡

許多家庭以為保險與理財是衝突的,其實兩者應該互相補足。行為經濟學者丹・艾瑞利(Dan Ariely)提醒,人在面對風險時常有盲點,透過適度保險,能讓家庭更有信心規劃投資。陳太太說,當保險做好了,他們在投資時也更願意接受波動,因為知道有安全網支撐。

保險規劃與家庭溝通

保險規劃也需要家庭成員的共識。黃先生說,他們家每年都會有一次「保險溝通日」,討論保障內容與可能的風險。理財專家提醒,這不只是理財行為,更是維繫家庭安全感的重要對話。

4.3 如何挑選合適的債券

債券投資的定位

在家庭理財藍圖中,債券被視為穩健投資的重要工具。理財專家指出,債券的特點是穩定的收益與相對較低的風險,適合作為家庭資產配置中的防守型投資。經濟學者羅伯

特・席勒（Robert Shiller）提醒，債券投資雖然穩健，但仍需審慎選擇，避免高收益背後的潛在風險。

什麼是債券

債券本質上是借貸契約，當家庭投資債券時，等於借錢給政府或企業，並約定一定的利率與償還日期。林先生分享，他們家將債券視為「資產配置的安全墊」，讓投資組合更有彈性與韌性。

債券的基本種類

理財專家提醒，家庭在挑選債券時，應先了解以下常見種類：

- 政府公債：由中央政府發行，風險最低，但報酬也較低。
- 公司債：由企業發行，收益較高，但風險也視發行企業的信用狀況而定。
- 可轉換公司債：可在特定條件下轉換為股票，兼具債券穩健與股票成長潛力。
- 高收益債券（垃圾債）：報酬高，但違約風險也高，需謹慎評估。

蔡太太說，他們家偏好政府公債，雖然報酬較低，但更能確保家庭現金流的安全。

挑選債券的四大要素

理財專家分享，挑選債券時，應從以下四大面向評估：

- 信用風險：發行單位是否具備還款能力。信用評等如 AAA 等級的債券風險最低。
- 利率風險：市場利率上升時，債券價格可能下跌。家庭需衡量持有期間與市場預期。
- 流動性風險：是否能快速變現。政府公債通常流動性較佳。
- 通貨膨脹風險：長期投資時，利率可能無法抵消通膨侵蝕。

定期檢視債券的信用評等與市場利率變化，避免因忽略市場趨勢而損失。

風險與收益的平衡

周先生說，剛開始投資時，他們家只追求高利率，結果因為忽略信用風險而遇到債券違約。後來學習投資後，才明白「安全與收益」需要平衡。行為經濟學者理查・塞勒（Rich-

第 4 章　投資工具大解密：選對武器贏財富

ard Thaler)提醒,過度追求高收益,容易忽略潛在風險,反而讓財務承受不必要的壓力。

投資年限的考量

理財專家指出,債券的投資年限(到期日)也是重要因素。短期債券流動性高、利率風險小；長期債券通常報酬較高,但價格波動也較大。張先生說,他們家把短期債券當作現金流工具,長期債券則作為退休金的「防守型配置」。

4.4　股票市場入門要領

股票：投資世界的敲門磚

對許多臺灣家庭而言,股票是理財世界的「入場券」。理財專家指出,股票市場帶來的高報酬吸引力,往往是家庭資產成長的重要驅動力。但同時,股票的高波動也意味著更高的風險,需要謹慎入門與持續學習。經濟學家尤金·法馬(Eugene Fama)提出,市場雖有效率,但投資人若能充分理解風險與報酬的特性,才能在市場中找到屬於自己的位置。

什麼是股票

股票,簡單來說,就是企業發行的所有權憑證。當家庭投資股票,等於成為企業的股東,分享企業的經營成果與盈餘。林先生分享,他起初覺得股票只是「短線炒作」,後來學會企業經營的基本面,才明白股票也是參與經濟成長的途徑。

股票的報酬與風險

股票吸引人的地方在於高報酬潛力。理財專家指出,過去幾十年,全球股市的長期報酬率普遍優於其他資產。但同時,股票價格隨市場消息與經濟循環起伏,短期波動劇烈。社會心理學者亞伯特・艾利斯(Albert Ellis)提醒,投資人需要具備情緒管理與風險承受度,才能從容應對波動。

股票市場的基礎認識

股票市場的運作建立在「買賣雙方」的基礎上,價格由供需決定。黃太太說,她剛開始投資時,最常問「誰決定股價?」,後來才發現,市場是無數投資人與機構共同決定的。理財專家提醒,家庭若能認識市場機制,就能更清楚面對股價起伏。

第 4 章　投資工具大解密：選對武器贏財富

如何挑選股票

挑選股票需要結合企業基本面與產業趨勢。理財專家建議，可從以下幾個面向著手：

- ◆ 企業財報：看營收、獲利與負債結構。
- ◆ 產業前景：了解產業成長潛力。
- ◆ 經營團隊：好的公司文化與決策，往往是長期成長的基礎。

選擇股票時，應注重公司的財報透明度與管理層誠信，因為這關乎投資的安全感。

分散風險的重要性

許多家庭在剛進入股市時，容易「重壓單一股票」，但這往往增加風險。行為經濟學者丹尼爾·康納曼 (Daniel Kahneman) 提醒，過度自信是投資人常見的陷阱。周太太分享，他們家學到教訓後，決定把資金分散在不同行業與市場，減輕波動對家庭的影響。

投資心態與紀律

理財專家指出，股票投資的最大挑戰在於人性。林太太說，她一開始總是「看到漲就想追，看到跌就想賣」，結果反

而錯過了長期報酬。心理學家卡蘿・杜維克（Carol Dweck）認為，學習型思維有助於培養長期投資的耐心。家庭若能用「持續學習、耐心等待」的心態面對市場，就能更穩健。

4.5　基金投資基本法則

基金投資的優勢

基金是一種集結眾多投資人資金，由專業經理人操作管理的投資工具。理財專家指出，基金能協助家庭分散投資風險，讓專業知識為家庭財富增值。經濟學家理查・塞勒（Richard Thaler）強調，透過專業分工，能避免投資人因短期波動而做出錯誤決策。

基金的種類與特性

家庭若要投資基金，應先認識以下主要種類：

- 股票型基金：追求資本增值，波動較大。
- 債券型基金：收益穩健、風險較低。
- 平衡型基金：同時持有股票與債券，兼顧成長與穩健。

第 4 章　投資工具大解密：選對武器贏財富

- ◆ 貨幣市場基金：收益較低但流動性高，適合短期停泊資金。
- ◆ 指數型基金（ETF）：被動追蹤市場指數，成本低、透明度高。

了解基金風險與報酬

理財專家提醒，基金並非「一定賺錢」的工具，仍需了解風險與報酬的平衡。周先生分享，他們家剛開始投資時，因只看報酬率而忽略波動，結果在市場下跌時心情受影響。心理學家馬汀・塞利格曼（Martin Seligman）提到，樂觀面對投資波動，有助於培養長期穩健的心態。

挑選基金的基本原則

理財專家分享，挑選基金時，應把握以下幾項原則：

- ◆ 了解基金目標：是否與家庭的財務目標一致。
- ◆ 檢視基金績效：長期績效比短期表現更重要。
- ◆ 了解基金規模與經理人經驗：規模大、經驗豐富能降低風險。
- ◆ 注意費用結構：管理費與手續費是否合理。

定期定額：基金投資的好夥伴

定期定額是基金投資最適合多數家庭的方式。透過固定金額、固定時間投入，能在市場高低起伏中平均成本。蔡先生說，他們家每月都固定投入定期定額基金，讓理財變得更有紀律與穩定。行為經濟學者丹・艾瑞利（Dan Ariely）指出，紀律性的投資行為能減少情緒影響，讓理財更貼近目標。

投資心態與耐心

投資基金需要耐心與穩健的心態。黃太太說，過去她只關注短期績效，結果因為市場波動而失去信心；後來學會用長期目標引導投資，才發現穩健才是家庭幸福的基礎。心理學家卡蘿・杜維克（Carol Dweck）提醒，成長型思維能幫助家庭面對市場波動，讓投資成為夢想的助力而非阻力。

與家人討論與共識

基金投資也是家庭溝通的契機。周先生說，他們家透過基金投資的討論，讓每個人都能分享對未來的想法，讓家庭理財更貼近全家的夢想與目標。理財專家認為，投資過程中的共識與支持，是讓基金投資更有溫度的關鍵。

第 4 章　投資工具大解密：選對武器贏財富

4.6　不動產投資要點

不動產投資的吸引力

在臺灣,許多家庭習慣將房地產視為「最穩健」的投資標的。理財專家指出,這不僅因為房屋是生活的必需品,也因為不動產能兼具自住與投資功能。經濟學者亨利·喬治(Henry George)認為,土地與不動產的價值,來自於其稀缺性與社會資源的累積。林先生說,他們家長期透過不動產投資,累積家庭資產並確保退休生活的品質。

不動產投資的多元形式

家庭投資不動產,並非只有買房出租一途。理財專家分享,常見的不動產投資形式包括:

- 住宅出租:購屋後出租,獲取租金收益。
- 商用不動產:如店面、辦公室,租金收益較高但風險也大。
- 土地投資:購買土地等待增值,適合長期持有。
- 不動產投資信託(REITs):以股票型態持有不動產,具流動性與收益性。

風險與報酬的平衡

臺灣的不動產市場雖相對穩健,但仍需謹慎評估風險。周先生說,他們家曾因房價下修而影響資金週轉,後來學會只用部分資金投資,避免過度槓桿。理財專家提醒,不動產的報酬雖穩定,但風險包括價格波動、空置率與維護成本,不可輕忽。

地段與增值潛力

理財專家指出,地段決定了不動產的價值與未來增值潛力。張太太說,他們家投資時,最注重交通便利性與生活機能,因為這直接影響租金收入與未來增值。城市規劃學者珍·雅各(Jane Jacobs)提到,好的社區規劃能提升地段的價值,也讓投資更有保障。

資金規劃與財務槓桿

不動產投資通常需要較大的資金投入。理財專家提醒,適度運用房貸槓桿能提高投資報酬,但必須衡量家庭的還款能力。林先生說,他們家只用每月可支配收入的30%作為房貸預算,避免因負債壓力影響生活品質。經濟學者克勞斯·史瓦布(Klaus Schwab)指出,槓桿是雙面刃,家庭需有清晰的目標與風險評估。

第 4 章　投資工具大解密：選對武器贏財富

不動產投資與稅務規劃

投資不動產，也要考慮稅務影響。理財專家提醒，臺灣房地合一稅與持有稅等政策，對投資報酬有實質影響。張先生說，他們家在出售房產前，先諮詢稅務顧問，避免因誤判而損失大筆利潤。理財專家強調，稅務規劃是理財的重要一環，切勿忽視。

4.7　信貸與借貸管理

信貸與借貸的重要性

在家庭理財的藍圖中，信貸與借貸不只是「花未來的錢」，更是一種財務彈性的工具。理財專家指出，適度運用借貸能幫助家庭在面對機會或挑戰時保持靈活性，但過度依賴則可能成為壓力來源。社會學者齊格蒙・鮑曼（Zygmunt Bauman）曾說：「現代社會的彈性，往往建構在信貸的基礎上。」對臺灣家庭而言，借貸管理的關鍵，在於找到適合自己的平衡點。

信貸的種類與特性

理財專家提醒,家庭在考慮信貸與借貸時,應先認識常見的產品:

- ◆ 房屋貸款:利率較低、期限長,適合購屋或資產配置。
- ◆ 車貸:購車分期,利率中等,資產貶值快需謹慎。
- ◆ 信用貸款:無抵押,利率較高,適合短期週轉。
- ◆ 信用卡循環利息:最容易忽略但利率高昂。

黃太太說,剛開始只覺得「貸款有錢用就好」,直到後來學到不同貸款的風險與特性,才懂得謹慎運用。

負債結構與財務壓力

負債並非都不好,關鍵在於結構是否穩健。周先生分享,他們家房貸壓力不大,但一度信用卡債務過高,造成生活緊張。理財專家提醒,若負債比重過高,會讓家庭在面對突發支出時失去彈性。經濟學家諾貝爾獎得主勞勃·莫頓(Robert Merton)強調,債務的持續管理,是財務穩健的核心。

第 4 章　投資工具大解密：選對武器贏財富

如何合理規劃借貸

理財專家分享，家庭若想善用借貸，應從以下幾個面向思考：

- 目的是否合理：借貸用於房屋或教育等長期資產，較為合理。
- 還款能力：每月還款不應超過家庭可支配收入的三成。
- 風險承受度：是否有緊急預備金與其他保障作後盾。

把「借得起、還得起、留得住」當作借貸三原則，避免過度冒險。

信用評分與借貸條件

在臺灣，銀行多以信用評分決定貸款利率與額度。蔡太太說，她們家在辦理房貸時，因信用紀錄良好，順利拿到較低利率。理財專家提醒，平時繳款紀律、信用卡使用比率都會影響信用評分，長期維護信用健康，能讓借貸條件更有利。

借貸與投資的拿捏

有些家庭會用借貸作為投資槓桿。張先生分享，他們家曾用房貸利率低的特性，投入長期型基金，創造額外收益。理財專家提醒，這種槓桿策略必須謹慎，若投資績效未

如預期，恐影響整體財務結構。行為經濟學者凱斯・桑斯坦（Cass Sunstein）指出，投資決策應避免過度樂觀，保持理性與謹慎。

與家人的共識與支持

借貸不只是財務數字，也是家庭價值觀的展現。林太太說，他們家在決定是否買房時，全家開會討論，讓每個人都能參與。理財專家提醒，家庭若能在借貸前達成共識，能減少未來衝突與壓力，讓理財更貼近幸福生活。

定期檢視與彈性調整

借貸管理並非一次性決策，而是長期監督與調整。蔡先生說，他們家每年會重新檢視負債結構，若有必要就提前還款或重議利率。理財專家建議，這樣的彈性與紀律，能讓借貸成為資產成長的助力，而非阻礙。

第 4 章　投資工具大解密：選對武器贏財富

4.8　理財工具的比較與應用

理財工具多元化的時代

在現代理財世界裡，理財工具多元化已是趨勢。理財專家指出，從定存、保險、股票、基金到不動產，每種工具各有特色與風險。社會心理學者雪莉・泰勒（Shelley Taylor）認為，面對複雜的決策情境，明確的資訊與多元比較能讓家庭做出更貼近需求的選擇。林先生說，透過不同工具的搭配，他們家在安全與成長之間取得了穩健的平衡。

存款：安全感的基石

活期存款與定存，是最基礎的理財工具。黃太太分享，他們家將每月生活費存入活存，將半年內不需要用到的資金轉為定存，累積家庭的安全網。理財專家指出，存款利率雖低，但在家庭資產配置中仍扮演穩定現金流的角色，尤其適合短期目標與應急預備金。

保險：風險轉嫁的保障

理財專家提醒，保險並非投資工具，而是降低生活風險的必備基礎。張先生說，他們家用醫療險與意外險來轉嫁不

可預期的開銷,讓家庭更有安全感。經濟學者強調,風險轉嫁是現代社會必備的安全機制。

股票與基金:成長型投資

蔡先生說,他們家透過定期定額投資基金,搭配部分成長型股票,讓資產具備長期增值潛力。理財專家指出,股票報酬高但波動大,基金則能透過專業管理與分散化降低風險,適合作為中長期目標的核心投資工具。行為經濟學者理查・塞勒(Richard Thaler)提醒,投資決策要結合理性與耐心,避免情緒化操作。

信貸工具:資金彈性的管道

理財專家指出,信貸工具如房貸、車貸或信用貸款,若能理性規劃,是家庭的資金彈性來源。林先生說,他們家將房貸視為「合理負債」,控制在可承擔範圍內,避免債務壓力成為生活負擔。經濟學者勞勃・莫頓(Robert Merton)提醒,槓桿雖可擴大財務布局,但必須搭配嚴謹的風險管理。

多元比較:理財工具的優缺點

理財專家建議,家庭在挑選理財工具時,應從以下面向進行比較:

第 4 章　投資工具大解密：選對武器贏財富

- ◆ 流動性：資金能否隨時動用。
- ◆ 風險與報酬：高報酬通常伴隨高波動。
- ◆ 投資期間：短期目標與長期目標應使用不同工具。
- ◆ 費用結構：交易手續費、管理費等是否合理。

4.9　多元化投資組合設計

多元化投資的核心概念

在家庭理財藍圖中，「不要把所有的雞蛋放在同一個籃子裡」是被反覆強調的道理。理財專家指出，投資多元化並非花俏手段，而是降低單一風險、提升整體穩健度的關鍵。金融學家哈利·馬可維茲（Harry Markowitz）提出的現代投資組合理論，就證明了分散化的重要性。

什麼是多元化投資組合

多元化投資組合，簡單來說，就是在不同資產類別、產業或地區間配置資金，分散風險。張太太分享，他們家把資金分散在股票、債券、基金與不動產，讓任何一個市場波動

都不會影響生活品質。理財專家提醒，分散投資不只是「多買一點」，而是有計畫、有結構地調配資金。

多元化的三大層面

理財專家建議，家庭可以從以下三層面思考多元化：

- 資產類別多元化：結合存款、債券、股票、不動產與保險等，降低單一市場的風險。
- 地區多元化：跨國市場的投資，有助分散地緣政治與匯率風險。
- 時間多元化：透過定期定額或分批進場，平滑進場時點的波動。

透過國內外基金與 ETF，可讓投資組合更具全球化視野。

股票與債券的平衡

在多元化配置中，股票與債券的平衡是關鍵。股票能帶來高報酬，但波動大；債券報酬較低，但提供穩定的現金流。林太太說，他們家把孩子教育基金放在債券型基金，退休金則用平衡型基金，兼顧安全與成長。理財專家提醒，這種平衡結構，能隨時調整，因應人生階段與風險承受力的不同。

第 4 章　投資工具大解密：選對武器贏財富

不動產的角色

不動產通常被視為「穩健型」資產。蔡先生說，他們家自住之外，也把出租房當作長期穩定收入的來源。理財專家提醒，不動產占比過高，可能造成流動性風險，應與其他資產配置平衡，避免壓縮生活彈性。

投資組合與保險的搭配

理財專家指出，投資雖能增值，但若忽略風險管理，可能在意外時「前功盡棄」。黃先生說，他們家把醫療險與意外險納入理財規劃，確保投資不會因家庭變故而中斷。這樣的搭配，讓多元化組合更具韌性與安全感。

定期檢視與調整

多元化投資組合並非一成不變。周太太分享，他們家每半年檢視一次組合表現，若市場變化或家庭目標有新方向，就會適度調整。經濟學者保羅·克魯曼（Paul Krugman）指出，市場與生活的變動是理財最大的挑戰，持續調整才能讓投資組合更貼近生活。

4.10 量身選擇投資工具的原則

投資沒有標準答案

在家庭理財的世界裡,沒有一種「萬靈丹」適合所有人。理財專家指出,每個家庭的財務結構、風險承受力與生活目標不同,選擇投資工具時,應該依據「量身打造」的原則,而非盲目追隨市場熱潮。社會心理學家亞伯拉罕·馬斯洛(Abraham Maslow)也曾強調,人的需求層次各異,理財也應反映這種差異化。

從家庭目標出發

量身選擇投資工具,第一步是明確家庭目標。黃先生分享,他們家從孩子教育、退休生活到父母的照護,都有不同的時間與資金需求。理財專家提醒,目標決定了投資工具的屬性:短期目標適合高流動性工具,長期目標則能承受較高波動,換取更高報酬。

風險承受力的認識

周太太說,她過去因投資股票波動大而心情焦慮,後來學會先檢視自己與家人的風險承受力,再決定投資比重。行

第 4 章　投資工具大解密：選對武器贏財富

為經濟學者丹・艾瑞利（Dan Ariely）認為，投資決策若忽略風險偏好，容易在市場波動時失去信心。家庭若能誠實面對風險承受力，才能選擇更貼近內心的投資工具。

現金流與資產配置

理財專家指出，家庭的現金流是投資布局的基礎。張太太說，他們家每月固定儲蓄一部分，用於穩健型投資，剩餘資金才考慮成長型標的。經濟學者哈利・馬可維茲（Harry Markowitz）提出的投資組合理論，也提醒投資應該與現金流結構相輔相成，形成良性循環。

工具特性與生活結合

投資工具的特性，決定了是否適合家庭的需求。理財專家分享，以下是常見工具與適用情境的對照：

- 存款與定存：短期目標與預備金。
- 保險：轉嫁風險，保障家庭安全。
- 股票與基金：長期目標與成長型資產。
- 不動產：兼顧自住與長期保值。

林先生說，他們家選擇投資基金，是因為不需要花太多時間研究，適合夫妻倆忙碌的生活型態。

避免盲目跟風與情緒化操作

投資專家提醒，市場總有熱點，但盲目跟風往往忽略家庭真實需求。蔡太太說，她曾在股市過熱時投入，卻在市場反轉時手足無措，後來學會更看重投資與生活的匹配。心理學家卡蘿‧杜維克（Carol Dweck）指出，長期投資心態比一時的激情更能帶來幸福。

小結　選對投資工具：為家庭財富打造專屬武器

本章揭開各類投資工具的神祕面紗，從最基本的存款利率、保險配置，到進階的債券、股票、基金與不動產，層層遞進地介紹其風險與回報特性。筆者強調，並非所有工具都適合每個家庭，理財的核心不在於「追高報酬」，而是「選對工具」。信貸與借貸的管理更點出：資金不足時，不是不能借錢，而是要懂得借得巧、還得清。理財不是「工具越多越好」，而是能否搭配自身收入結構、家庭需求與人生目標，有效地進行「多元化配置」與「風險分散」。本章尾聲，呼籲讀者在選擇理財工具前，先問自己三個問題：我承擔得起的

第 4 章　投資工具大解密：選對武器贏財富

風險是什麼？我需要的流動性有多高？我期望的回報期限是多久？唯有從自身出發，才能選出真正「量身打造」的投資武器。

第 5 章
家庭理財心法：適合才是最好

第 5 章　家庭理財心法：適合才是最好

5.1　單身族群的理財模式

單身族群的理財挑戰與機會

在臺灣，單身族群逐年增加。理財專家指出，單身族群雖沒有家庭責任，但同時面對未來不確定性與高生活彈性的挑戰。社會學者安東尼·傑登斯（Anthony Giddens）認為，現代社會的「個人化」趨勢，讓單身族群有更多機會主導財務決策。張先生分享，他認為單身時期是建立財務自主與夢想的黃金期。

單身的財務優勢

理財專家提醒，單身族群沒有撫養小孩與養家的壓力，可更自由地分配資金與目標。黃小姐說，她利用單身時期累積投資經驗，讓未來生活更有安全感。單身族群的優勢在於：

- 收入使用彈性高；
- 可專注累積財務安全墊；
- 可用更多時間學習投資知識。

但這同時也意味著，若缺乏規劃與紀律，生活品質與未來退休準備可能受影響。

單身理財的三大目標

理財專家分享,單身族群可從以下三大目標出發:

- ◆ 現金流穩健:維持生活品質的同時,累積儲蓄。
- ◆ 風險管理:適度投保與建立緊急預備金。
- ◆ 資產成長:透過投資與理財工具,逐步擴大資產規模。

收支管理與生活平衡

單身族群的理財,首要任務是建立清晰的收支結構。周先生說,剛工作時他總覺得「自己花錢沒壓力」,直到發現月月刷卡後,反而讓生活失去自由。理財專家建議,單身族群應該學習記帳與預算編列,讓花費與生活滿足感達成平衡。

緊急預備金與保險配置

雖然單身族群沒有家庭壓力,但面對醫療或工作中斷等風險,仍需建立足夠的安全墊。理財專家建議,至少要有 3～6 個月生活費的緊急預備金。蔡先生分享,他同時投保意外險與醫療險,讓理財規劃更安心。經濟學者勞勃‧莫頓(Robert Merton)提醒,風險管理是財務自由的重要基礎,尤其對於單身族群更不能忽視。

第 5 章　家庭理財心法：適合才是最好

單身族群的投資規劃

單身時期是嘗試不同投資的好時機。張太太說，她利用單身時期學習基金投資與股票配置，讓投資經驗逐步累積。理財專家建議，單身族群可從定期定額投資基金開始，逐步嘗試多元化的投資組合。行為經濟學者理查‧塞勒（Richard Thaler）指出，透過紀律性的投資行為，能減少情緒決策帶來的風險。

單身族群的生活質感與理財平衡

理財不應成為生活的負擔。黃小姐用「三三四法則」分配收入：三成生活、三成儲蓄、四成投資與夢想基金，讓生活與夢想都能兼顧。理財專家提醒，理財不是一味壓抑消費，而是讓生活更有安全感與彈性。

單身理財與未來規劃

理財專家提醒，單身並不代表「不需要規劃未來」。蔡太太說，她在單身時期就開始規劃退休金與未來的旅遊夢想，讓生活更有方向。經濟學者克勞斯‧史瓦布（Klaus Schwab）指出，面對瞬息萬變的世界，長期規劃是讓生活更穩健的基礎。

5.2　新婚夫妻的理財技巧

新婚生活的新挑戰

新婚是人生的重要階段，也是家庭財務結構全新開始的時刻。理財專家指出，夫妻從個人財務到共同帳戶，從個人夢想到家庭目標，都需要重新學習與調整。張先生分享，結婚後他才真正意識到，理財不只是自己的事，而是攸關兩人的幸福基礎。

建立共同的理財目標

婚後財務目標從個人轉向「我們」，理財專家建議，夫妻應明確設定短期（旅遊基金）、中期（房屋頭期款）與長期（退休金）目標。林先生說，他們家把目標寫成「夢想清單」，貼在冰箱上，讓彼此都能看見、記得初衷。

家庭預算的分配

新婚夫妻往往面臨生活開銷增加、收入重新分配的挑戰。理財專家分享，夫妻可考慮以下方式分配預算：

- 共同帳戶：支付房租、水電、日常開銷。

- 個人帳戶：各自保有一定的財務自主。
- 儲蓄帳戶：設定共同的儲蓄與投資目標。

這樣的分配讓生活更有彈性，也減少「誰花比較多」的爭執。

風險管理與保障的重要

婚後生活面臨更多責任，醫療、意外與壽險等保障顯得更重要。林太太說，他們家結婚後就重新檢視保險結構，確保彼此在意外發生時都有足夠保障。理財專家提醒，好的保險配置能減輕突發支出的壓力，讓夫妻能更專注於生活與夢想。

投資策略的協調

夫妻可能在投資偏好上有差異，理財專家建議，雙方應先分享彼此的風險承受度與期待，並從共同的投資目標開始。張太太說，丈夫偏愛基金，她偏愛不動產，後來學會透過分散配置，兼顧兩人的想法與安全感。

理財與生活質感的平衡

理財不應成為婚姻的壓力來源。理財專家提醒，適度的娛樂與小確幸，是維繫夫妻關係的關鍵。周太太說，他們家

每月會預留「約會基金」,即使再忙,也能一起吃頓好料,讓婚姻生活有溫度。

5.3 有小孩家庭的財務安排

育兒生活的財務新挑戰

當家庭迎來新生命,財務結構也隨之改變。理財專家指出,育兒期的開銷龐大且多面向,從醫療、教育到未來規劃,都需要全面盤點。張太太說,孩子出生後才真正體會到「一個小孩改變全家財務」。人類學家瑪麗‧道格拉斯(Mary Douglas)認為,家庭結構的轉變,會影響消費與投資的優先順序。

重新檢視收支結構

孩子的到來,意味著收支結構要重新盤點。林先生分享,過去兩人的生活自由,但孩子出生後,開銷從尿布奶粉到醫療費用都成為新支出項目。理財專家提醒,父母應該從「家庭收支表」開始,找出育兒期的新支出項目,並設定合理的預算。

第 5 章　家庭理財心法：適合才是最好

建立緊急預備金

孩子的健康與安全是父母最大的牽掛。理財專家建議，有小孩家庭應將緊急預備金提高到 6～12 個月的生活費，面對醫療或突發開銷時更有安全感。黃太太說，他們家從孩子出生就開始強化緊急預備金，讓未來風險更可控。

風險管理與保險保障

孩子出生後，父母的風險管理更顯重要。理財專家指出，醫療險、壽險與意外險是家庭保障的基礎。周先生說，當孩子出生後，他立刻檢視保單是否涵蓋小孩醫療與家中經濟支柱的保障，避免任何意外打亂家庭生活。

教育基金的規劃

孩子的教育費用是家庭理財中的長期目標。林太太分享，他們家在孩子出生時，就開始每月小額定期定額，為未來的教育基金鋪路。理財專家建議，教育基金可透過基金或保險儲蓄型商品累積，兼顧穩健與成長。

投資策略的調整

有小孩家庭的投資，應兼顧成長與穩健。張先生說，他們家投資組合從「成長型」轉向「平衡型」，讓孩子的教育金與家庭安全同步兼顧。經濟學者羅伯特・席勒（Robert Shiller）提醒，投資組合應隨著家庭階段變化調整，保持彈性與風險平衡。

理財與生活品質的平衡

有小孩家庭的理財，不只是「省錢」，更是讓孩子在安全與快樂中成長。黃先生說，他們家每月預留「親子活動基金」，讓孩子參加才藝班或假日出遊，兼顧家庭溫暖與生活質感。理財專家強調，財務規劃要與家庭的幸福目標結合，而非只看數字。

5.4　中壯年家庭的投資重點

中壯年階段的理財新局

對許多臺灣家庭而言，中壯年期往往是人生的黃金階段：事業穩定、孩子成長、生活型態逐步成熟。然而，理財專家

第 5 章　家庭理財心法：適合才是最好

指出，這也是財務負擔最沉重、投資決策最關鍵的時期。社會學者齊格蒙·鮑曼（Zygmunt Bauman）認為，中壯年家庭面對的壓力與機會並存，理財策略的選擇決定了未來生活的安定度與夢想實現的可能。

收入與支出的雙重挑戰

中壯年家庭通常面臨收入高峰，但同時有房貸、教育費用與父母照護等多重支出。林先生說，他們家孩子上大學、父母健康費用增加，讓他在投資決策時更謹慎。理財專家提醒，中壯年階段應以「兼顧穩健與成長」為核心，靈活配置投資比重與風險管理。

確認財務目標與優先順序

理財專家指出，中壯年期的財務目標通常有以下三大面向：

- 保障退休：累積退休金，確保未來生活品質。
- 支持子女教育：讓孩子教育資源無虞。
- 提升生活品質：如旅遊、健康照護等夢想支出。

每年檢視一次目標，決定投資重點與預算，讓夢想不只是想像。

投資組合的再平衡

黃先生說，過去他熱衷股票投資，市場波動大讓他夜難安寢。後來，他重新調整投資組合，增加債券與平衡型基金的配置。理財專家提醒，中壯年家庭可考慮以下配置原則：

- 股票型投資：保留適度比例，為未來資產成長鋪路。
- 債券與平衡型基金：提供穩健收益，減少波動壓力。
- 不動產：視作長期抗通膨的資產。
- 現金與定存：作為安全墊與應急基金。

風險管理與保障檢視

中壯年家庭多是家中經濟支柱，意外或疾病可能重創家庭財務。理財專家強調，醫療險、壽險與長期照護險應是必要的保障。林太太分享，丈夫曾因病短期失業，幸虧有完善的保險支撐，才能讓家庭不受影響。

教育基金與退休金的兼顧

張先生說，他們家透過教育基金與退休金分別規劃，讓孩子教育與未來生活不衝突。理財專家提醒，可透過專款專用帳戶或基金，避免資金混淆，讓目標更明確。

第 5 章　家庭理財心法：適合才是最好

5.5　空巢家庭的財富管理

空巢期的理財新起點

當孩子長大離家，夫妻進入「空巢期」，家庭結構與生活重心隨之改變。理財專家指出，空巢家庭常面臨支出結構改變、收入結構穩定，但同時也有重新規劃人生的機會。社會學者艾瑞克・艾瑞克森（Erik Erikson）認為，空巢期是一個重新確認人生目標與社會角色的時期，財務管理更需與生活願景結合。

收入穩定，支出結構改變

黃先生分享，他與太太進入空巢期後，發現孩子教育費用逐漸結束，生活支出相對減少。理財專家提醒，空巢家庭的優勢在於可支配收入增加，但同時也應檢視未來醫療、旅遊與生活品質的支出安排。

重新定義家庭目標

理財專家建議，空巢期應該重新思考以下問題：
(1)我們想要什麼樣的退休生活？

(2) 我們的健康與生活品質需要什麼樣的支持？

(3) 是否有夢想要實現，例如旅行或學習新事物？

林太太說，他們家在孩子離家後，把「再學習」與「夢想旅行」納入理財目標，讓退休生活更有活力。

投資配置的調整

理財專家提醒，空巢家庭通常收入穩定、負債減少，投資組合可更重視「穩健與現金流」。周先生說，他們家把投資重心從成長型股票，轉向債券、平衡型基金與 REITs，讓生活品質有保障。經濟學者保羅·克魯曼（Paul Krugman）指出，退休前後的投資策略應更多地關注風險控管與現金流穩定。

不動產與資產活化

許多空巢家庭擁有自住房產，理財專家建議，可思考資產活化：

◆ 是否需要更換空間（縮小住宅、換屋）？
◆ 是否出租部分空間，創造租金收入？
◆ 是否透過不動產轉貸或抵押，提升生活彈性？

林先生說，他們家決定把空出的房間短期出租，讓退休生活多一份被動收入。

醫療保障與長照規劃

隨著年齡增長,健康保障成為理財不可或缺的一環。理財專家提醒,空巢家庭應特別檢視醫療險、長照險與重大疾病險,避免因醫療費用衝擊生活品質。張太太說,他們家透過加強醫療保險,讓老後生活更安心。

5.6 老年家庭的退休策略

退休規劃:人生新篇章的起點

當進入老年階段,退休生活成為家庭關注的重點。理財專家指出,退休不只是「停止工作」,而是開始一段以生活品質與夢想為核心的新階段。社會學家安東尼·傑登斯(Anthony Giddens)認為,退休是社會角色與生活目標重新轉化的時期。對臺灣的老年家庭而言,退休策略不只是數字遊戲,更是對生活的承諾。

退休金與現金流的重要

張先生分享,他們家從年輕時就開始累積退休金,讓自己與太太在退休後不必擔憂生活開銷。理財專家提醒,退休

後穩定的現金流是生活安心的基礎。建議老年家庭每月檢視收支狀況,確保退休金、保險年金與投資收益能滿足生活所需。

多元化收入來源

退休生活若僅依賴退休金,可能無法面對醫療、旅遊等支出。理財專家分享,老年家庭應考慮以下收入來源:

- ◆ 勞保或國民年金:基本保障。
- ◆ 退休金或年金商品:穩定補充生活開銷。
- ◆ 投資收益:基金、債券與不動產的穩健收益。
- ◆ 兼職或興趣收入:如興趣教學、顧問服務等。

林太太說,退休後她接一些手工藝教學,不僅增加收入,還讓生活更有意義。

投資策略:穩健與靈活兼顧

退休後,投資策略不再追求高報酬,而是以穩健、低波動為優先。周先生說,他們家把股票比例降至三成,增加債券與平衡型基金比重,讓退休金不受市場波動影響。理財專家提醒,投資組合應該定期檢視,確保能與退休金支出節奏相符。

醫療保障與長期照護

老年階段面臨最大的風險是健康與醫療開銷。黃太太說,過去只注重生活開銷,直到丈夫因病住院才意識到醫療保險的重要性。理財專家建議,老年家庭應加強醫療險、長照險與重大疾病險,避免高額醫療費用侵蝕退休金。

不動產的活化與運用

許多老年家庭擁有不動產資產,理財專家分享,若沒有即時運用,這些資產可能被視為「沉睡的財富」。張太太說,他們家把多餘的房間出租給學生,不僅有租金收入,還能與年輕世代交流。專家提醒,視情況決定是否縮小居住空間、出租或轉售部分不動產,活化資產讓生活更有彈性。

5.7 不同收入家庭的理財重點

收入結構,理財的基礎出發點

每個家庭的收入結構與生活型態不同,理財策略也因人而異。理財專家指出,理財的本質不是賺錢多寡,而是如何讓金錢為生活與夢想服務。社會學家馬克斯·韋伯(Max Weber)提醒,家庭財務的安排往往與社會角色、價值觀深度連結。對臺灣的各類家庭而言,找到收入結構與理財目標的平衡點,是邁向幸福的第一步。

低收入家庭:重點在於基礎安全

對低收入家庭來說,理財最重要的不是複雜投資,而是確保日常生活與安全網。黃先生說,他們家收入有限,但仍會堅持每月存下一小筆應急基金。理財專家建議,低收入家庭應從以下幾點著手:

- ◆ 生活預算:明確劃分生活必需支出與可調整項目。
- ◆ 緊急預備金:即使金額不多,也要每月存下一些。
- ◆ 保障基本安全:醫療險與意外險是最基礎的保障。

專家提醒,對低收入家庭而言,穩定感與安全感比投資報酬更重要。

中等收入家庭:重點在於平衡與擴展

蔡太太分享,他們家的收入雖穩定,但面臨孩子教育、房貸等多重壓力。理財專家認為,中等收入家庭理財的核心是「平衡與擴展」。

第 5 章　家庭理財心法：適合才是最好

- ◆ 預算分配：同時兼顧短期開銷與長期目標。
- ◆ 投資理財：開始建立股票、基金或退休金等多元化配置。
- ◆ 風險管理：檢視保險結構，避免家庭陷入財務風險。

中等收入家庭若能有紀律地調整收支結構，就能為未來夢想鋪路。

高收入家庭：重點在於資產配置與目標實現

周先生說，他們家收入穩定且有餘裕，重點在於如何讓金錢成為實現夢想的工具。理財專家建議，高收入家庭的理財策略應更重視：

- ◆ 多元化投資：股票、基金、不動產與新興產業，分散風險。
- ◆ 資產配置：視家庭目標與生活階段彈性調整。
- ◆ 夢想與意義：規劃旅遊、學習與公益等支出，讓金錢與生活更有連結。

專家提醒，高收入家庭常因投資失衡而產生風險，定期檢視與修正是關鍵。

收入不穩定家庭：重點在於彈性應對

有些家庭雖然收入不低，但因接案、創業等原因，收入波動大。林太太分享，她與先生都是接案工作者，收入高低起伏。理財專家指出，這類家庭的重點是「彈性與安全」：

◆ 建立變動型預算：收入高時存更多，收入低時用安全存底支應。
◆ 多元收入來源：培養副業或額外收入來源，減少波動衝擊。
◆ 加強風險保障：避免單一收入停滯影響家庭安全。

這樣的彈性策略，能讓家庭面對市場變動時更從容。

5.8 特殊家庭的理財對策

特殊家庭，獨特的理財考量

臺灣社會中，有些家庭面臨與眾不同的理財挑戰，例如單親家庭、跨國婚姻家庭、照護特殊需求成員的家庭等。理財專家指出，這些家庭面對的不只是金錢問題，更有責任與情感的壓力。社會學家瑪麗安娜‧庫珀（Marianne Cooper）

提醒，家庭型態的多樣化，需要更有彈性與同理心的財務安排。

單親家庭：安全感與生活平衡

林太太分享，她獨自扶養兩個孩子，理財重點從高報酬轉向穩健與安全。理財專家建議，單親家庭可從以下重點著手：

- 保障基礎安全：醫療險與意外險不可或缺。
- 現金流規劃：緊急預備金目標可拉高至 6～12 個月生活費。
- 政府資源運用：了解單親家庭可申請的補助與福利。

這樣的規劃能讓單親父母在面對孩子的教育與生活需求時更有底氣。

跨國婚姻家庭：匯率與文化的平衡

張先生與外籍配偶結婚後，面臨跨國收入與匯率波動的挑戰。理財專家指出，跨國婚姻家庭的理財需特別注意：

- 匯率風險：如有海外收入或支出，應規劃外幣存款與投資。

- 法律與稅務問題：了解不同國家的稅務與遺產規範。
- 文化共識：透過開放對話，讓不同背景的理財價值觀互相理解。

理財專家提醒，跨國婚姻的多元背景也是資產與文化的新機遇。

照護特殊需求成員的家庭：長期計畫的必需

照護身心障礙成員的家庭，面臨的是長期且不確定的財務挑戰。黃太太說，她為了確保孩子未來生活，從年輕時就積極準備。理財專家建議：

- 專項保障：如失能險、長期照護險等，分散風險。
- 信託規劃：透過信託基金，確保特殊需求成員的生活照顧不中斷。
- 政府支持：運用身心障礙者補助與資源，減輕家庭負擔。

經濟學者伊莉諾‧歐斯壯（Elinor Ostrom）認為，彈性的資源運用與社會支持，能讓家庭在困難中找到出路。

再婚與重組家庭：理財共識的挑戰

再婚後，理財最大的挑戰不是錢，而是「溝通」。理財專家提醒，再婚或重組家庭的理財應重視：

- ◆ 透明化：讓彼此知道彼此的財務狀況，避免猜忌。
- ◆ 公平性：對孩子的照顧與教育支出保持一致。
- ◆ 遺產規劃：明確規劃保險受益人與遺產分配，避免日後爭議。

再婚家庭若能以愛與尊重為出發點，理財策略也能更順暢。

善用政府資源與專業顧問

理財專家提醒，特殊家庭應積極運用政府的補助資源與諮詢管道。張太太說，她透過社會局的輔導與理財講座，找到適合家庭的資源。資訊管理專家指出，政府與社會支持的結合，能減輕家庭壓力，也讓理財更有效率。

5.9　個人化家庭理財計畫

理財沒有標準答案

在理財的世界裡，沒有放諸四海皆準的完美策略。理財專家指出，每個家庭的收入結構、價值觀與生活方式都不同，理財計畫的關鍵在於「個人化」——找到最貼近生活需

求與夢想的路徑。社會學者認為，幸福的理財不是追求數字最大化，而是讓錢成為幸福生活的推手。

家庭理財的三層結構

理財專家分享，打造個人化的家庭理財計畫，可從以下三層結構出發：

- 基礎安全：保障生活穩定，包括現金流、保險與緊急預備金。
- 成長與累積：透過投資、資產配置，為夢想與退休生活鋪路。
- 夢想與意義：讓財富與價值觀結合，支持家庭的長期目標與幸福感。

張太太說，他們家每年都會檢視三層結構，調整比重，讓理財更貼近生活。

收入結構與生活型態

理財專家指出，家庭的收入型態決定理財策略的根本。林先生說，他與太太都是穩定薪資收入，理財以穩健配置為主；朋友是接案型態，則以流動性與彈性為重點。經濟學者

第 5 章　家庭理財心法：適合才是最好

約瑟夫‧史迪格里茲（Joseph Stiglitz）提醒，收入的穩定度與可持續性，是決定理財計畫可行性的基礎。

投資配置的量身打造

每個家庭的投資組合都該反映自身的風險承受度與夢想藍圖。周先生說，他們家重視孩子教育金與父母照護金，股票與基金只占三成；而朋友無子女負擔，股票比重高達七成。理財專家建議，先設定目標，再選擇投資工具，讓配置與生活目標緊密連結。

風險管理與保障

個人化的理財計畫，不能忽略保險與風險管理。黃太太說，她們家在孩子出生後，重新檢視保險結構，確保醫療與意外風險有充分保障。理財專家提醒，家庭經濟支柱的風險保障，是理財計畫中最基礎的一環。

夢想與生活的結合

個人化的家庭理財計畫，不只是對未來的準備，也是對當下生活的支持。周太太說，他們家把每年旅遊基金、孩子的才藝課都納入理財計畫，讓生活更有動力。心理學家布芮

妮・布朗（Brené Brown）提醒，當金錢與價值觀對齊，理財才能成為家庭幸福的催化劑。

5.10　學會調整理財策略

理財不是一次到位，而是持續優化

理財專家指出，無論家庭收入高低或目標大小，理財策略從來不是「設定好就結束」，而是持續調整、優化與成長的過程。林先生說，他們家從年輕時的儲蓄型目標，到後來孩子教育金與退休規劃，理財策略一直在變化。社會學者安東尼・傑登斯（Anthony Giddens）提醒，社會與生活的變化，讓理財更需要「彈性」與「持續檢視」。

重新盤點目標與優先順序

黃太太分享，隨著孩子升學與父母健康問題，她發現家庭目標的優先順序必須重新排定。理財專家建議，每年至少一次，盤點家庭的夢想清單與生活目標，讓理財策略能更貼近真實需求。

第 5 章　家庭理財心法：適合才是最好

監測現金流與收支結構

家庭的收支結構會隨著生活型態、收入變動與目標轉變而變化。張先生說，他們家每月一次追蹤收支，確認是否仍符合理財目標。理財專家指出，這種定期監測，是讓理財策略不被遺忘或脫軌的關鍵。

調整投資配置，適應市場變化

理財專家分享，投資策略更需與時俱進。周太太說，過去熱衷股票，近年則把部分資金轉向平衡型基金與債券，以適應市場波動。經濟學者保羅·克魯曼（Paul Krugman）提醒，全球經濟的不確定性，讓投資組合需要不斷更新，才能保持風險與報酬的平衡。

保險與風險管理的檢視

蔡先生說，孩子出生後，他重新檢視保單，確保醫療險與壽險能真正支撐家庭安全。理財專家強調，風險管理是理財策略的基礎，定期檢視保障缺口與市場新商品，能讓家庭在面對變局時更安心。

小結
適合自己，才是最好的理財心法

　　本章深入不同家庭型態的財務需求與挑戰，強調「一體適用」的理財法則並不存在。單身族群需要兼顧自由與風險控管，新婚夫妻則面對價值觀整合與支出協調；有小孩的家庭要兼顧教育儲備與生活品質，中壯年家庭則轉向資產增值與退休儲備。進一步探討空巢期與高齡階段的財富保全與退休規劃，提醒讀者財務策略也需隨人生週期調整。此外，章節也針對收入不穩定、成員結構特殊等家庭給出實際建議，協助規劃可行的專屬方案。整章核心在於：「適合自己」遠比「照本宣科」有效。筆者鼓勵每一戶家庭學會調整策略，不斷反思需求與現實，找出真正契合的理財節奏，才能在多變的經濟環境中立足，穩健前行。

第 5 章　家庭理財心法：適合才是最好

第 6 章
生活理財實戰篇:從生活細節開始

6.1　生活節省的基本原則

節省不是小氣，而是理性的選擇

在現代社會，面對日益上升的物價與生活壓力，如何在生活中找到省錢的平衡點，成為許多臺灣家庭的重要課題。理財專家指出，節省不等於犧牲生活品質，而是用更理性的方式，讓每一分錢發揮最大價值。心理學家提醒，節省不只是技能，更是一種生活態度與心理調適。

理解家庭的收支結構

節省的第一步，是認識自己家庭的收支結構。黃太太分享，她們家每月記帳一次，了解哪些花費是真正必要，哪些是「習慣性支出」。理財專家建議，定期盤點收支，能幫助家庭找到節省空間，同時不影響生活品質。

分辨「需要」與「想要」

理財專家強調，節省的核心在於分辨「需要」與「想要」。周先生說，過去他習慣隨意購物，直到孩子出生後才意識到，真正重要的是保障家庭安全與未來生活。專家建議，

在消費前先問自己：這是「必需」還是「欲望」？這樣的覺察，能讓支出更有意義。

小習慣，省大錢

林先生分享，他們家透過每天自己煮早餐、減少外食，省下的錢足以支付孩子的補習費。理財專家提醒，日常生活中的小習慣，像是自備水壺、選擇公共運輸、善用折扣等，雖看似微小，但長期累積能大幅減輕財務壓力。

現金支付，提升消費意識

林太太說，她最近開始回歸現金支付，而不是刷卡，結果發現自己對花錢的感覺更敏銳。心理學家丹尼爾·康納曼（Daniel Kahneman）認為，現金支付能讓人對花費有更真實的感受，進而培養更理性的消費習慣。

給節省一個積極的目標

節省不是壓抑，而是為夢想鋪路。理財專家建議，為節省設定積極的目標，如「明年的家庭旅行」、「孩子的教育基金」或「退休生活的基礎」。這樣的目標，能讓節省成為一種積極的行動，而非無止境的壓力。

6.2　日常消費的理財策略

消費的意義：讓花錢更有價值

在臺灣家庭的日常生活中，消費是不可避免的活動。理財專家指出，日常消費與理財策略密不可分，因為消費習慣直接影響家庭的財務結構與夢想實現。心理學家凱莉・麥高尼格（Kelly McGonigal）提醒，消費既是滿足需求的手段，也是一種價值觀的展現。

消費前的思考：價值與需求

張太太說，她習慣在購物前先問自己：「這樣的花費能帶來真正的滿足嗎？」理財專家建議，消費前多一層思考，能讓金錢更貼近生活目標，避免衝動購物與短期快感的代價。

設定消費預算，守住財務底線

林先生分享，他與妻子每月討論一次生活預算，確保開銷在可控制範圍內。理財專家指出，設定明確的消費預算，是避免「小錢滾成大浪費」的重要策略。透過預算，家庭能兼顧生活享受與財務安全。

日常花費的四大分類

理財專家建議,日常消費可分為以下四大類別:

- ◆ 必需支出:食衣住行的基本生活開銷。
- ◆ 可調支出:娛樂、社交與非必需性開銷。
- ◆ 夢想投資:孩子教育、旅行、生活夢想等長期目標。
- ◆ 未來安全:儲蓄、投資與保險等。

善用折扣與優惠,但不盲目追求

蔡先生說,他習慣使用信用卡回饋與 App 折扣,但也提醒自己「需要才買」。理財專家指出,折扣能減輕開銷壓力,但若被折扣誘惑,反而造成不必要的開銷。關鍵在於「是否真正需要」。

消費不是剝奪,而是選擇

理財專家提醒,日常消費不應成為壓抑與限制,而是讓生活更有意義的選擇。周先生說,他們家每月都會預留「生活快樂金」,讓自己在節省中仍能偶爾犒賞自己。心理學家丹尼爾‧康納曼 (Daniel Kahneman) 認為,適度的享受能提升心理幸福感,避免因過度壓抑而失去生活樂趣。

6.3　如何避免無謂開銷

無謂開銷，生活財務的隱形敵人

在理財過程中，無謂開銷往往是家庭財務穩健的絆腳石。理財專家指出，無謂開銷不只是指奢華的消費，也包括那些看似「微小」卻長期累積的支出。心理學家伊利莎白‧鄧恩 (Elizabeth Dunn) 提醒，這些隱形支出往往被低估，卻可能嚴重侵蝕家庭的理財目標。

什麼是無謂開銷？

無謂開銷不單是過度購物，也包括那些與家庭目標無關、或無法帶來長期滿足感的花費。林太太說，她曾經每天一杯外送咖啡，看似小確幸，但一年累積下來卻是一筆可觀的費用。理財專家建議，檢視花費時，應問自己：「這筆錢，真的是讓生活更幸福，還是只是習慣？」

小金額的累積威力

周先生分享，剛工作時覺得小花費無傷大雅，直到開始記帳才發現，一年下來花在便利商店與網購上的錢，足以

支付一次全家旅遊。理財專家提醒，日常小金額的「無謂開銷」，往往被忽略，卻可能壓縮家庭的理財彈性。

情緒性消費的陷阱

心理學家凱莉‧麥高尼格（Kelly McGonigal）指出，情緒是無謂開銷的推手之一。黃先生說，他在壓力大時習慣購物來轉移情緒，事後卻發現這樣的花費並未真正帶來滿足感。理財專家建議，當情緒影響消費時，可透過運動、冥想或與家人交流，減少情緒性購物。

避免無謂開銷的五大策略

理財專家總結，以下五大策略能幫助家庭有效減少無謂開銷：

(1) 記帳與盤點：定期檢視花費，找出「看不見的漏洞」。

(2) 設定購物清單：有計畫的消費，避免衝動購物。

(3) 現金支付：減少刷卡與行動支付的「無感」消費。

(4) 設定等待期：非必需品購買前，先等 48 小時再決定。

(5) 家庭對話：分享彼此的消費習慣，找到互相支持的節省方法。

第 6 章　生活理財實戰篇：從生活細節開始

找到無謂開銷背後的心理模式

理財專家提醒，無謂開銷往往來自於「習慣」與「自我補償」。林先生說，他發現自己習慣每週小酌，雖是放鬆方式，但實際上也消耗了不少資金。心理學家丹尼爾·康納曼（Daniel Kahneman）認為，了解自己的行為模式，才能找到真實的需求與滿足點。

6.4　用小工具記錄生活支出

為什麼要記錄支出？

黃太太分享，剛開始記帳時，她以為只是麻煩的工作，直到發現小金額開銷累積成大筆花費，才明白記錄的價值。理財專家提醒，透過記錄，家庭能：

- ◆ 看清花費習慣：哪些是真正必要、哪些是衝動性支出。
- ◆ 發現省錢空間：找出無謂開銷的「漏財洞」。
- ◆ 增加家庭對話：讓家人一起討論怎麼用錢更有效率。

常見的小工具選擇

理財專家分享,市面上常見的小工具,能依照家庭需求做選擇:

- 理財 App:能分類支出、統計月度花費,適合數位化家庭。
- 雲端記帳平臺:多人共享、即時更新,適合夫妻或多人共用帳戶。
- Excel 或 Google 試算表:靈活度高,適合習慣自己設計的使用者。

用 Google 試算表,自訂欄位,讓記帳變得更貼近家庭的生活型態。

開始的門檻很低

林太太分享,她剛開始只是用手機記事本,記錄每天的花費。理財專家建議,記帳不必一開始就「專業化」,先從簡單的記錄開始,培養「面對數字」的習慣,才是理財的起點。

記帳的心法:紀律與真實

理財專家提醒,記錄生活支出最重要的不是工具多厲害,而是「真實面對」。蔡先生說,記錄的關鍵是誠實寫下每

一筆，不要為了「面子」省略花費，才能看見真實的消費習慣。心理學家凱莉‧麥高尼格（Kelly McGonigal）也指出，紀律與誠實是改變習慣的基礎。

讓家人一起參與

記帳不該是獨角戲。理財專家建議，讓家人一起參與能讓記錄更有意義。黃先生說，他們家每個人都有一個分類，月底一起看報表，討論怎麼調整支出。這樣的做法，不只增進理財共識，也讓家人感受到被尊重與重視。

6.5 食衣住行的省錢心法

生活省錢，從日常細節開始

臺灣家庭面對物價逐年上升的壓力，理財專家提醒，省錢並不意味著犧牲生活品質，而是從日常中找出「更聰明的花錢方式」。心理學家卡蘿‧杜維克（Carol Dweck）認為，省錢是一種成長型思維，能讓家庭在小改變中找到幸福感。

食：健康與省錢兼顧

黃先生分享，他們家每週至少三天自己煮，既省錢又吃得健康。理財專家建議，以下是省錢又營養的飲食原則：

- 自己煮飯：外食雖方便，但成本與健康風險都較高。
- 計畫性採買：先列出食材清單，避免臨時購物。
- 善用促銷與批發市場：大宗採買、分裝冷凍，讓食材用得更完整。

利用市場「收市折扣」，同樣的菜價更划算，也減少浪費。

衣：理性消費與經典單品

衣著花費也是日常中容易忽略的開銷。周太太說，她習慣「買少，但買好」，挑選經典耐穿的衣物，避免追逐快速時尚。理財專家提醒，以下是省錢穿搭技巧：

- 挑選經典單品：基本色與百搭款式最實用。
- 換季出清：注意折扣季，挑選真正需要的單品。
- 二手交易：衣物換季時，可考慮二手市場，延長物品使用壽命。

這樣的策略，讓衣著不只是時尚，更是一種永續與省錢的智慧。

第 6 章　生活理財實戰篇：從生活細節開始

住：讓房子成為幸福的堡壘

　　對許多家庭而言，房屋是最大宗的開銷之一。理財專家提醒，省錢不只是租金或房貸的議題，更是如何管理與維護空間。林先生說，他們家每年檢視一次家電與水電費，找出可省的地方。建議包括：

- 節能家電：汰換老舊電器，雖然初期投資較高，但長期省電更划算。
- 空間合理化：不必追求大坪數，適合家庭需求就好。
- 檢視房貸利率：若有機會轉貸或重新議價，能減輕還款負擔。

　　這樣的思維，讓住不只是成本，更是生活品質的保證。

行：綠色交通與生活彈性

　　交通支出是許多家庭的隱藏花費。張太太說，她開始多利用公共運輸與共乘服務，讓交通費大幅下降。理財專家指出，以下是交通省錢小技巧：

- 大眾運輸工具：比開車更省錢又環保。
- 共享經濟：如租賃汽機車或共乘，減少自有車輛的固定成本。

- 規劃出行：一次採買、合理安排行程，減少無謂的交通成本。

6.6　健康投資與醫療理財

健康就是財富，理財從健康開始

在臺灣，醫療費用與生活品質息息相關。理財專家指出，健康投資不只是為了預防疾病，更是守護家庭夢想與幸福的基礎。心理學家馬汀·塞利格曼（Martin Seligman）提醒，積極管理健康與醫療風險，能讓家庭更安心、更有彈性面對未來挑戰。

醫療支出的挑戰與現實

黃先生分享，父母健康問題讓他深刻體會到「醫療花費比想像中更多」。理財專家指出，醫療支出具有突發性與累積性兩大特點：

- 突發性：意外或疾病可能瞬間帶來龐大花費。
- 累積性：長期慢性病與照護需求，逐步侵蝕家庭財務。

因此，醫療理財策略成為不可忽視的一環。

第 6 章　生活理財實戰篇：從生活細節開始

健康投資：預防勝於治療

理財專家認為，健康本身就是一種投資。張太太說，他們家每週安排運動日，培養全家人的健康習慣。健康投資可從以下方面著手：

- ◆ 均衡飲食：營養攝取平衡，減少疾病風險。
- ◆ 規律運動：促進心肺健康，延緩老化。
- ◆ 定期健檢：及早發現健康隱憂，降低醫療開銷。

這些小改變，不僅減少醫療費用，也讓生活更有活力。

醫療保險的完整規劃

林先生說，面對父母年老與孩子成長，他重新檢視全家保險結構。理財專家建議，醫療保險應兼顧三個層面：

- ◆ 基本醫療保障：住院與手術的醫療費用支援。
- ◆ 重大疾病險：面對癌症、心血管等重大病變的經濟防線。
- ◆ 長照險：老年階段的生活品質與家庭照顧壓力的緩衝。

透過補強保險缺口，減少日後的經濟壓力。

儲蓄與醫療基金的準備

理財專家提醒，除了保險，家庭也應建立「醫療基金」。林太太分享，他們家每月固定提撥一部分收入，作為健康與醫療專用基金。這樣的安排，讓突發醫療支出不影響孩子教育或生活夢想。

6.7　家庭旅遊的理財安排

旅行，是家庭的夢想與儲備

對許多臺灣家庭而言，旅行不只是短暫的休息，更是親子時光、夫妻情感與自我探索的重要時刻。理財專家指出，適當的旅行安排能讓家庭更有幸福感，但若無法妥善規劃，可能成為日後財務壓力的負擔。心理學家伊莉莎白·鄧恩 (Elizabeth Dunn)認為，與家人共度的體驗，能讓金錢花費更有意義。

家庭旅遊的規劃基礎：預算先行

林先生說，他們家每次計畫旅行前，先開「旅遊家庭會議」，討論預算與行程。理財專家提醒，以下三步驟能讓旅行

規劃更有財務安全感：

(1) 設定旅遊預算：依據家庭收入與目標，決定可負擔金額。

(2) 拆解花費項目：交通、住宿、餐飲與娛樂，分門別類。

(3) 預留緊急基金：面對突發狀況，預先準備更安心。

這樣的安排，能避免旅遊成為家庭財務的黑洞。

旅行基金：小錢累積，大夢想

周太太分享，他們家每月存一筆「旅遊基金」，即使金額不大，但累積起來就是實現夢想的基礎。理財專家建議，旅遊基金最好與日常儲蓄分開，讓夢想更明確、更有動力。

精明選擇，省錢又有品質

旅遊花費常見的「浪費陷阱」，在於過度追求便利或衝動消費。林太太說，他們家習慣早鳥訂票、利用旅遊折扣與共乘服務，讓旅遊更省錢。理財專家提醒：

◆ 善用早鳥優惠與淡季價格：彈性安排假期，省下可觀花費。

- 多比價、多查詢：透過各種比價平臺，找出最划算方案。
- 體驗在地生活：選擇民宿或在地小吃，減少昂貴的觀光消費。

這些小技巧，能讓旅行更貼近生活，也減少不必要的支出。

旅遊保險的基本保障

理財專家指出，旅遊也是風險管理的重要場景。張先生說，他們家每次出國前都會檢視旅遊平安險與海外醫療險，確保小意外不成大麻煩。旅遊保險的費用相對便宜，但能帶來極大的安心感。

後續檢視與調整

旅行結束後，理財專家建議，家庭可檢視實際花費與預算是否有落差，並思考下次如何優化。林先生說，他們家把旅行當成一次「家庭理財的模擬考」，讓理財與夢想更有連結。

讓旅行成為生活的調味料

理財專家提醒，旅行不只是「度假」，更是家庭情感與幸福感的催化劑。周太太說，他們家每次旅行，最大的收穫不是美景，而是全家一起開心笑的瞬間。這樣的幸福感，才是理財真正的價值。

6.8　兼顧娛樂與財務規劃

理財不只是限制，而是生活的平衡

許多臺灣家庭認為理財就是「省吃儉用」，但理財專家提醒，真正健康的理財是平衡：讓生活的娛樂與經濟安全同時存在。心理學家認為，適度的享受是幸福生活的要素，而理財的任務就是讓這些享受更可持續、更有彈性。

為什麼娛樂也需要理財？

黃先生分享，他過去覺得娛樂支出「花了就好」，直到發現這樣的習慣常常讓他月底焦慮。理財專家提醒，娛樂雖是生活的潤滑劑，但若沒有規劃，可能成為財務壓力的來源。兼顧娛樂與財務規劃，才能讓生活更有節奏與彈性。

設定娛樂預算，給自己喘息空間

林太太說，他們家每月固定提撥一筆「娛樂金」，讓自己在工作與生活壓力中有喘息的空間。理財專家建議，娛樂預算應占可支配收入的 10% 左右，依家庭狀況彈性調整。這樣不僅減輕罪惡感，也避免衝動消費。

理性選擇娛樂方式

周先生分享，當他們家開始認真盤點娛樂開銷，發現有些花費只是短暫快感。理財專家指出，與其追逐昂貴的娛樂，倒不如尋找高 CP 值的活動：

- 戶外活動：登山、健行等不僅省錢，還有助健康。
- 社區資源：圖書館、免費展覽等，文化氣息滿滿又不用花大錢。
- 親手料理與家聚：既省錢又能增進家人感情。

黃太太說，週末家庭野餐，孩子們玩得開心，花費也遠比去百貨公司少。

娛樂也能成為理財助力

理財專家提醒，若能把娛樂與理財結合，生活會更有目標感。蔡先生說，他們家把年度旅遊視為「夢想基金」的實踐

成果，讓娛樂成為理財的動力來源。這樣的安排，讓家庭的每一筆花費都更有意義。

持續檢視與彈性調整

生活與收入變化時，娛樂開銷也需要適度調整。黃先生說，他們家若遇到收入下降，就會調整娛樂支出比例，保持財務安全。理財專家提醒，彈性調整不是放棄享受，而是讓家庭在不同時期都有「剛剛好的幸福」。

6.9　打造理想生活的財務底氣

理想生活，需要經濟基礎支撐

對多數臺灣家庭而言，理想生活不只是夢想，更需要具體的財務支撐。理財專家指出，無論是孩子的教育、家庭的旅遊、還是自己的夢想計畫，背後都需要有穩健的財務基礎。心理學家凱莉‧麥高尼格（Kelly McGonigal）認為，金錢不只是安全感的來源，更是生活質感的實踐者。

理想生活的多樣面貌

黃太太說,他們家的理想生活,是週末與家人野餐、每年一次家庭旅行;而林先生說,他的夢想是退休後學陶藝。理財專家提醒,每個人的「理想生活」定義不同,關鍵是找到對家庭而言最有意義的樣貌。

財務底氣的三大基礎

理財專家總結,打造理想生活,財務底氣必須來自三個層面:

- 穩定現金流:確保日常開銷不受壓力影響。
- 適度投資報酬:讓金錢能長期增值,應對夢想所需。
- 風險保障完整:醫療與意外風險不會侵蝕生活品質。

透過這三層架構,一步步把夢想從「想像」變成「計畫」。

實際步驟:從家庭收支盤點開始

林先生說,他們家最開始的改變,是從記帳開始。理財專家提醒,透過盤點收支,才能看見哪些開銷是真正支持夢想,哪些只是習慣性的浪費。定期檢視收支,也能讓家庭在收入改變時快速調整。

第 6 章　生活理財實戰篇：從生活細節開始

投資配置：量身打造，支持夢想

周先生說，他們家把旅遊基金與孩子教育基金分開管理，避免資金混淆。理財專家建議，投資工具的選擇要依照目標設定，例如：

- 短期夢想：用穩健的工具如定存、債券基金。
- 中長期目標：股票型基金或不動產配置，為資產增值。
- 保障型需求：醫療險與意外險，減少突發風險。

這樣的配置，讓每個夢想都有專屬的財務支持。

幸福感，來自金錢的良性循環

周太太說，他們家不再為了「賺更多」而焦慮，而是學會用金錢支持旅行、家人的健康與生活的溫度。理財專家強調，當金錢不再是壓力，而是夢想的推手，幸福感就自然流動。

6.10　平衡生活品質與理財目標

幸福生活與財務安全的雙重挑戰

在臺灣家庭的日常生活中，常面臨的抉擇是：要過更好的生活？還是要存更多錢？理財專家指出，平衡生活品質與理財目標，不是二選一，而是智慧地「雙贏」。心理學家凱莉‧麥高尼格（Kelly McGonigal）提醒，懂得在理財與生活享受之間取得平衡，才能真正實現幸福感。

理財目標不是限制，而是生活的推手

林太太說，她一開始以為理財就是無止境的壓抑，直到學會把理財目標變成「生活夢想的引導」。理財專家強調，理財目標應該是推動生活品質的基礎，而不是犧牲生活的負擔。像是孩子的教育金、家庭旅遊基金、退休金等，都是支持幸福的金錢基礎。

生活品質，從每一筆花費開始

黃先生說，他們家每月固定檢視支出，確認每一筆花費是否真正帶來幸福感。理財專家建議，面對每筆開銷，可用以下三個問題檢視：

(1) 這筆花費是否能提升家庭的安全感或幸福感？
(2) 是否與家庭目標或價值觀相符？
(3) 是否能在理財目標內找到平衡？

透過這樣的檢視，讓花錢與理財不再衝突，而是相輔相成。

量身打造的財務配置

林先生說，他們家把旅遊基金與退休金分開管理，避免短期享受影響長期目標。理財專家建議，透過「目標分類帳戶」或多元化投資配置，能更靈活地兼顧當下享受與未來安全，讓金錢配置更具彈性。

彈性調整：生活變化的智慧因應

黃先生說，他們家面對孩子升學與父母健康問題時，會彈性調整生活與理財目標。理財專家指出，沒有一成不變的理財規劃，彈性與調整是面對生活變化的必備能力。經濟學者保羅・克魯曼（Paul Krugman）認為，隨時檢視與優化，才能讓理財真正服務生活，而不是成為束縛。

生活中的小確幸，讓幸福感更真實

林太太說，她們家不會為了省錢放棄小確幸，像是週末家庭聚餐或簡單的咖啡時光。理財專家提醒，適度的享受與休息，不只是犒賞，也是維繫理財動力的關鍵。讓金錢成為幸福的助力，而非生活的壓力。

小結　從柴米油鹽開始的理財修練

本章回歸生活日常，以「實戰」為導向，強調每一分小錢的流向都與家庭財務穩定息息相關。教你如何從生活節省、消費選擇、記帳工具到醫療、旅遊等支出規劃中抓住「錢的破口」，把每一項開銷轉為長遠投資。你會學到如何避免無謂消費、辨識「必要 vs. 想要」、用科技輔助記帳，以及如何讓娛樂支出與儲蓄並存、讓健康投資成為家庭資產的一部分。最終則回歸一個核心：理財不是犧牲生活，而是讓生活變得有餘裕、有選擇、有韌性。本章讓你明白，真正的理財功夫，就藏在每一個煮飯、出門、滑手機的瞬間。

第 6 章　生活理財實戰篇：從生活細節開始

第 7 章
網路與科技理財：智慧理財新風潮

第 7 章　網路與科技理財：智慧理財新風潮

7.1　網購省錢技巧

網購的魅力與挑戰

在現代生活中，網路購物已成為臺灣家庭不可或缺的生活習慣。理財專家指出，網購帶來便利、快速的同時，也讓人更容易在無形中花掉超出預算的金錢。社會學者瑪麗安娜·庫珀（Marianne Cooper）提醒，網購的消費環境，容易讓人因促銷手法或方便性，忽略真實需求與理性判斷。

為什麼網購容易「不小心」花更多？

黃先生說，自己在網購平臺上，常因「滿額免運」或「限時折扣」而多買了不需要的東西。心理學家丹尼爾·康納曼（Daniel Kahneman）指出，人的大腦對於「折扣」與「免運」等關鍵字特別敏感，容易被行銷語言影響，造成衝動性消費。

聰明網購的五大技巧

理財專家分享，以下五大技巧能幫助家庭在網購中省下更多，讓便利與財務健康兼得：

1. 先列清單，再上網

林太太說，她習慣在網購前，先把要買的東西寫下來，減少被平臺推薦商品誘惑。這樣的清單習慣，能避免「看到就買」的衝動。

2. 比價平臺不可少

張先生分享，他用比價網站或 App，找到最划算的價格，省下不少支出。理財專家提醒，不同平臺、不同時段，價格差距可能高達三成，務必多花點時間比對。

3. 利用現金回饋與信用卡優惠

周太太說，她專挑有現金回饋或點數回饋的信用卡支付，累積起來也是可觀的「小確幸」。

4. 善用折扣碼與會員日

許多電商平臺定期推出折扣碼或會員日優惠。林先生說，他習慣等到「雙 11」或會員日再下單，省下更多。

5. 設定預算上限

黃先生說，他用理財 App 設定每月網購預算，當預算快達上限時就自動提醒，避免失控。理財專家指出，這樣的限制能讓花費更有節制與安全感。

第 7 章　網路與科技理財：智慧理財新風潮

網購陷阱要小心

理財專家提醒，雖然網購省錢工具多，但也要避免掉入以下常見陷阱：

- ◆ 「滿額」壓力：為了達免運門檻，反而買了不需要的東西。
- ◆ 「限時搶購」的衝動：時間壓力容易造成非理性決策。
- ◆ 「先買後付」的迷思：雖有彈性，但若無還款計畫，會成為負債陷阱。

黃先生說，他們家曾因「先買後付」積欠卡費，後來學會謹慎使用，才能真正省下錢。

科技與人心的平衡

心理學家伊莉莎白・鄧恩（Elizabeth Dunn）提醒，省錢的背後，不該是壓抑生活樂趣，而是更智慧地花錢。張太太說，他們家網購時，會特別選擇那些能增進家庭幸福感的花費，例如親子共讀的書籍、健身設備等，讓每一筆網購都能更貼近夢想。

7.2　電子支付的安全運用

電子支付的普及與便利

隨著科技的進步，電子支付在臺灣逐漸成為生活的日常。從行動支付、線上支付到無現金交易，電子支付帶來的便利無庸置疑。林太太說，她已經習慣用手機支付水電費、超商消費，覺得方便又省時。理財專家提醒，電子支付雖然省去攜帶現金的麻煩，但若忽略安全防護，可能讓財務暴露在風險中。

電子支付的常見型態

理財專家指出，目前臺灣家庭最常見的電子支付型態包括：

- 行動支付：如 LINE Pay、街口支付等，手機即可付款。
- 信用卡綁定：許多消費者習慣將信用卡與 App 連結，付款快速又享回饋。
- 網路銀行轉帳：透過數位銀行 App，隨時轉帳或繳費。
- 電子票證：如悠遊卡、一卡通，結合交通與消費支付。

這些工具讓金流更彈性，但安全管理也變得更重要。

第 7 章　網路與科技理財：智慧理財新風潮

為什麼電子支付需要特別注意安全？

周先生分享，他曾因手機遺失，信用卡遭到盜刷，後來學會設定多重防護。理財專家提醒，電子支付的便利背後，仍潛藏以下風險：

- ◆ 個資外洩：裝置遺失或不當使用，可能造成帳戶被盜用。
- ◆ 釣魚網站或假 App：假冒的支付平臺，專門竊取帳號密碼。
- ◆ 無感支付的陷阱：過於便利，讓人忽略小額消費的累積。

電子支付的安全防護技巧

理財專家建議，以下幾點是電子支付安全運用的基本原則：

(1) 開啟雙重驗證：使用指紋、人臉辨識或一次性驗證碼，提升安全層級。

(2) 謹慎綁定帳號：只在信賴的官方平臺綁定信用卡或銀行帳號。

(3) 定期檢視交易紀錄：每週或每月檢查電子支付帳戶是否有異常交易。

(4) 更新系統與 App：確保手機與 App 都是最新版本，減少駭客入侵風險。

(5)公共網路少用:避免在公共 Wi-Fi 下進行交易,以防資料被攔截。

教育家人,讓全家一起安全

林先生說,他曾發現孩子下載了不明 App,差點讓手機被盜刷。理財專家建議,電子支付不只是個人的理財行為,也是家庭教育的一環。多與家人分享安全觀念,特別是長輩與孩子,避免成為詐騙的目標。

電子支付與理財的結合

除了安全,電子支付也是理財規劃的好幫手。黃太太說,她把每月娛樂與生活支出都用電子支付記錄,月底對帳更輕鬆。理財專家指出,善用電子支付的消費記錄功能,能更輕易掌握生活花費與省錢空間。

第 7 章　網路與科技理財：智慧理財新風潮

7.3　網路銀行與數位理財

數位化浪潮下的理財新趨勢

在臺灣，網路銀行與數位理財逐漸成為家庭財務管理的重要方式。理財專家指出，數位化不只是科技的進步，更是金錢管理方式的革新。黃太太說，她透過網路銀行 App 轉帳與理財，省去排隊的麻煩，也讓生活更有效率。

什麼是網路銀行與數位理財？

理財專家解釋，網路銀行是指透過線上平臺進行金融交易，無須實體臨櫃服務；數位理財則是結合科技工具與數據分析，讓理財決策更有智慧。林先生分享，他用網路銀行轉帳、定存與基金投資，還能隨時查詢即時報表。

網路銀行的便利與彈性

- ◆ 24 小時可操作：無需受限銀行營業時間。
- ◆ 即時查詢：隨時了解帳戶餘額與交易記錄。
- ◆ 低手續費或免手續費：比傳統櫃檯手續費低或免除。

理財專家提醒，這些便利也能減少「現金遺失」或「攜帶現金風險」。

數位理財的智慧應用

數位理財不只是交易工具，更是一種理財思維的進化。林太太說，她用 App 規劃投資組合，並根據家庭夢想設定理財目標。理財專家分享，數位理財能：

- 自動化記帳與預算管理：系統自動分類花費，分析開銷比例。
- 投資組合多元化：線上理財平臺讓投資標的更多元。
- 即時掌握市場脈動：減少資訊落差，做出更理性的決策。

安全與風險管理的重要性

理財專家提醒，雖然網路銀行與數位理財方便，但也要特別注意資安與隱私。蔡先生說，他設定指紋驗證與雙重密碼，確保帳戶安全。專家建議：

- 選擇具信譽的金融機構：避免假冒或非正規平臺。
- 定期更新密碼與系統：降低駭客入侵風險。
- 小額試水溫：初期投資或操作，先從小額開始，熟悉操作流程。

第 7 章　網路與科技理財：智慧理財新風潮

數位理財帶來的生活改變

周先生說,他們家過去用手寫帳本記帳,現在改用數位理財平臺,一家人的理財對話更順暢。心理學家伊莉莎白‧鄧恩(Elizabeth Dunn)提醒,當理財變得透明與容易,家庭的幸福感也會自然上升。

未來趨勢：數位理財的新可能

理財專家分享,隨著 AI 與大數據的應用,未來的數位理財將更智慧、更個人化。林先生說,他期待未來能有更多工具,讓家庭理財像聊天一樣簡單。這樣的願景,讓科技與理財的結合更值得期待。

7.4　網路投資理財的機會

網路投資理財的崛起

隨著數位化進展,越來越多臺灣家庭透過網路投資理財。理財專家指出,網路投資平臺不僅打破了傳統投資的門檻,也讓理財機會更加多元與靈活。林太太說,她從過去只能去銀行辦理基金,現在在家就能掌握全球市場脈動。

為什麼網路投資理財值得關注？

　　黃先生分享，他透過網路平臺參與國際基金，體驗到市場多元化帶來的報酬機會。理財專家認為，網路投資理財的主要優勢包括：

- 門檻低、入門簡單：最小投資額比傳統銀行低，適合家庭小額試水溫。
- 交易時間彈性：不受限於銀行營業時間，24 小時可交易。
- 資訊即時：提供即時報價與市場資訊，做出更靈活的決策。
- 多元化投資機會：國際基金、ETF、債券等工具，讓家庭資產更彈性。

常見的網路投資理財平臺

　　理財專家整理了臺灣常見的網路投資管道：

- 證券戶數位化交易：透過證券公司 App 進行股票、ETF 交易。
- 基金電商平臺：整合多家基金，手續費比傳統銀行更優惠。
- 網路銀行的投資功能：結合存款、投資與資金調度，一站式理財。

周先生說,他們家用基金電商平臺,分散投資在國內外基金,讓資產更穩健。

小額分散投資的優勢

理財專家建議,網路投資的「小額分散」策略,最適合一般家庭。蔡先生說,他每月定期定額投資不同基金,讓家庭資金更有成長力。這樣的方式不必一次投入大筆資金,能分散市場風險,減少壓力。

風險與機會並存

理財專家提醒,雖然網路投資門檻低,但風險管理仍是核心。林先生說,他曾因短期追高而小虧,後來學會設定停損點與長期投資目標。專家建議:

- ◆ 明確設定目標:短期理財或長期夢想,策略不同。
- ◆ 分散風險:不要把所有資金投入單一市場。
- ◆ 定期檢視與調整:依市場趨勢與家庭需求調整配置。

7.5 電子發票與回饋金計畫

電子發票的普及與便利

在臺灣,電子發票自推行以來已成為家庭生活的重要理財工具。理財專家指出,電子發票不只是環保,更是「小錢積大錢」的理財利器。黃太太說,她習慣用手機掃電子發票,覺得省事又方便,還有機會中獎。

什麼是電子發票?

理財專家解釋,電子發票是一種無紙化的發票管理方式。與傳統紙本發票相比,電子發票具備以下特點:

- 環保節能:減少紙張與印刷資源浪費。
- 雲端管理:透過載具(手機條碼、會員卡)自動存取,省去收據整理的麻煩。
- 自動對獎:中獎資訊自動通知,不必手動對獎。

電子發票的好處與理財助力

理財專家分享,電子發票能帶來多層次的好處:

- 省下時間與空間:不必再苦惱一堆紙本發票。

第 7 章　網路與科技理財：智慧理財新風潮

- ◆ 自動記錄生活花費：部分電子發票系統可顯示每筆消費項目，幫助家庭掌握開銷結構。
- ◆ 參加統一發票對獎：即使是小額消費，也能帶來意外的驚喜中獎機會。

張太太說，她曾經花 60 元買飲料，卻幸運中了 200 元，覺得像是生活中的小確幸。

如何有效運用電子發票？

理財專家建議，以下三步驟能幫助家庭更有系統地利用電子發票：

(1) 設定手機載具條碼：到超商或財政部網站申請，讓每次消費都自動歸戶。

(2) 下載對獎 App：如「統一發票兌獎」App，能即時提醒是否中獎。

(3) 與家庭收支盤點結合：利用電子發票明細，找出生活中可優化的花費。

每月用電子發票明細盤點「吃喝玩樂」支出，調整預算更有依據。

回饋金計畫的加分效益

除了電子發票,許多店家與支付平臺還結合「回饋金計畫」,讓消費更有價值。理財專家分享,常見的回饋方式包括:

- 現金回饋:消費後直接折抵或存入帳戶。
- 點數回饋:可兌換商品或折抵消費。
- 專屬優惠券:搭配會員日或活動日的專屬折扣。

蔡先生說,他們家購物前都先查詢「哪家店有回饋」,養成花得更聰明的習慣。

持續更新與學習

電子發票與回饋金計畫會隨時更新。理財專家提醒,家庭可透過財政部網站或信用卡公司公告,了解最新優惠與活動。周先生說,他加入發票相關的社群,學到更多「小錢省大錢」的技巧,也讓理財路上更有動力。

第 7 章　網路與科技理財：智慧理財新風潮

7.6　線上資產管理平臺介紹

資產管理，從線下到線上的新趨勢

隨著數位化浪潮席捲全球，臺灣家庭的資產管理方式也悄然改變。理財專家指出，線上資產管理平臺不再是年輕人的專利，而是讓每個家庭都能更輕鬆掌握財務全貌的工具。黃先生說，他透過線上資產管理平臺，一目了然地看見家庭資產配置，更能做出符合生活目標的調整。

什麼是線上資產管理平臺？

理財專家解釋，線上資產管理平臺是結合科技與理財概念的整合性工具，能即時追蹤、分析並規劃資產結構。林太太說，她透過 App 管理存款、投資與保險，發現理財變得更輕鬆，也更有系統。

平臺的主要功能與特性

常見的線上資產管理平臺具有以下幾大功能：

(1) 即時資產整合：可同步銀行、證券戶與保險等資料，掌握完整財務狀況。

(2)圖像化報表:透過圖表、圓餅圖等視覺化呈現,讓數字更直觀。

(3)投資績效追蹤:自動計算報酬率與風險指標,幫助調整策略。

(4)目標設定與提醒:設定家庭財務目標,系統自動追蹤進度。

(5)多平臺整合:跨銀行、跨投資平臺的資產彙總,減少人工統計的麻煩。

常見的線上資產管理平臺

理財專家整理臺灣常見的幾個線上資產管理工具,讓家庭能依需求選擇:

- ◆ 國內銀行 App:如台新 Richart、玉山 e.Fingo 等,結合銀行理財與投資管理。
- ◆ 獨立第三方平臺:像是麻布記帳 Moneybook 等,支援多元金融機構整合。
- ◆ 投資理財專屬平臺:例如基金電商平臺內建的投資追蹤工具。

第 7 章　網路與科技理財：智慧理財新風潮

平臺安全，家庭理財的第一道防線

理財專家提醒，雖然線上資產管理平臺帶來便利，但安全永遠是首要。林先生說，他只選擇政府認證或金管會核准的安全平臺，並定期更新密碼。專家建議：

◆ 認明合法機構：選擇有金融監理機構認證的平臺。
◆ 多重驗證：使用指紋、人臉辨識或簡訊驗證碼保護帳戶。
◆ 留意公共網路：避免在公共 Wi-Fi 下操作，降低駭客風險。

7.7　科技理財工具的選擇

科技理財，生活中的新助手

隨著臺灣家庭對理財意識提升，越來越多人開始善用各類科技工具來管理財務。理財專家指出，科技理財工具的核心價值，不在於「高科技」，而在於「實用、貼近生活、提升效率」。黃先生說，從傳統記帳到手機 App，他深刻感受到科技讓理財更輕鬆、更容易持之以恆。

7.7 科技理財工具的選擇

為什麼選擇正確的工具很重要？

科技工具五花八門，若選擇不當，不但無法提升效率，反而可能造成困擾。林太太說，她曾因為下載太多不同功能的 App，結果資訊混亂，反而更沒掌握金流。理財專家提醒，選擇適合的工具，就像挑選生活夥伴，關鍵在於「實用性」、「穩定性」與「符合個人／家庭需求」。

常見的科技理財工具類型

根據臺灣家庭常見的理財需求，科技理財工具可大致分為以下幾種類型：

1. **記帳工具**

   用途：記錄日常收支、分類統計。

   代表工具：MOZE、Moneybook、CWMoney。

   適合族群：希望掌握每日花費與生活開銷的人。

2. **預算與財務規劃 App**

   用途：設定預算、追蹤消費類別、提醒支出上限。

   代表工具：YNAB（You Need A Budget）、Money Manager Expense & Budget。

   適合族群：有特定理財目標的家庭，如旅遊基金、教育基金。

第 7 章　網路與科技理財：智慧理財新風潮

3. 投資管理平臺

用途：追蹤股票、基金、ETF 報酬率與資產配置。

代表工具：台新 Richart、永豐 DAWHO、基金超市 App。

適合族群：有定期投資習慣，需追蹤投資部位與報酬的投資者。

4. 線上資產整合工具

用途：彙整多個帳戶資料，掌握完整資產結構。

代表工具：Money101、財務健診工具。

適合族群：有多個帳戶、投資組合，想更有效管理資產的人。

5. 繳費與支付類工具

用途：繳交水電、信用卡帳單，或生活繳費（如保費、稅金）。

代表工具：台灣 Pay、街口支付、LINE Pay、銀行 App。

適合族群：希望簡化生活繳費流程的家庭。

選擇科技工具的四大原則

理財專家提醒，在選擇科技理財工具時，可從以下四大原則出發：

1. 功能對應實際需求

張先生說，他不需要高深報表，只要簡單的分類與提醒功能就夠用。避免選擇功能過度複雜、與實際生活脫節的工具。

2. 操作介面直覺、容易上手

林太太說，若工具難用，她一週就會放棄。選擇圖像清楚、步驟簡單、語言介面親切的工具才能持之以恆。

3. 資料安全與隱私保護

使用與金流、帳戶相關的工具時，一定要選擇合法、安全的平臺，確認是否有加密技術、雙重認證機制。

4. 是否支援多平臺同步

林先生分享，他希望能在手機、平板與電腦間無縫切換使用，提升便利性。支援雲端同步的工具，更能貼近現代人的多裝置生活模式。

第 7 章　網路與科技理財：智慧理財新風潮

7.8　智慧理財助理應用

什麼是智慧理財助理？

理財專家解釋，智慧理財助理通常結合人工智慧（AI）、機器學習與大數據分析，能根據使用者的收支習慣與目標，提出量身打造的理財建議。林太太說，她的 App 會根據她的消費模式，提醒她「這個月花得有點多」，讓她及時修正開銷。

主要功能與好處

智慧理財助理的功能多元化，理財專家總結以下幾項：

(1) 即時收支追蹤：連結銀行、信用卡帳戶，自動整理每月花費。

(2) 預算設定與超支警示：根據家庭目標，設定預算上限，超支時自動提醒。

(3) 投資組合管理：顯示投資部位、報酬率與風險指標，協助資產配置。

(4) 理財建議與模擬分析：根據市場動態與使用者偏好，提出建議或模擬未來發展。

(5) 生活目標結合：像旅遊基金、退休計畫，能納入系統，設定里程碑。

實用案例分享

蔡先生說，他們家用智慧理財助理記錄生活費用，孩子也能在 App 中「參與」，更清楚理解金錢運用。張太太分享，她用智慧助理追蹤基金與 ETF，減少人工統計時間。理財專家指出，這些應用能減輕理財壓力，讓生活更有彈性。

安全與隱私的重要性

理財專家提醒，智慧理財助理的便利，仍須關注安全與隱私。周先生說，他選擇有金融監管認證的平臺，確保資料不外洩。專家建議：

- 選擇具信譽的 App：查看是否獲得金融機構或政府單位認證。
- 開啟多重驗證：使用指紋、臉部辨識或動態密碼，增加安全防護。
- 定期檢視連結權限：關閉不再使用的帳戶或服務，降低外洩風險。

善用智慧助理，減少理財焦慮

理財專家分享，許多家庭面對數字壓力時，容易焦慮或放棄。智慧理財助理能透過「視覺化報表」與「簡易建議」，

第 7 章　網路與科技理財：智慧理財新風潮

減少理財門檻,讓家庭更有信心。黃先生說,他感覺生活中的金錢壓力不再那麼大,因為有工具幫忙掌握全局。

7.9　科技帶來的理財新可能

科技理財,重新定義生活與金錢

隨著數位化浪潮席捲臺灣,家庭理財從傳統方式轉向科技驅動的新模式。理財專家指出,科技不只是便利,更為家庭理財帶來全新的思維與機會。黃先生說,他感覺生活變得更有彈性,也更有信心掌握未來的變化。

數位化的力量:即時、透明、彈性

理財專家總結,科技理財的核心優勢可歸納為以下三大面向:

- 即時性:透過 App 與數位平臺,家庭隨時掌握收支與投資動態。
- 透明性:線上報表與圖像化資料,讓理財過程不再是「黑盒子」。

- 彈性化：從投資組合到家庭支出，能隨生活變化即時調整。

生活品質的升級：不只是省錢

蔡先生說，科技理財工具讓他不只省下小錢，也更懂得為家庭「花得值得」。理財專家認為，科技讓理財不再只是省錢手段，而是生活品質升級的關鍵：

- 自動化投資：定期定額的設定，讓投資習慣自然融入生活。
- 夢想基金的視覺化：透過目標圖表，將旅遊、教育等夢想具體化。
- 彈性消費管理：以實時分析為基礎，避免衝動購物，讓生活更有彈性。

投資的新機會：全球化與多元化

理財專家指出，科技理財工具突破了傳統理財的地理與資訊限制，讓臺灣家庭有機會參與全球市場。黃太太分享，她透過基金電商平臺，輕鬆投資國際 ETF 與美股基金，感覺與世界的連結更緊密。

第 7 章　網路與科技理財：智慧理財新風潮

AI 與大數據的加值

隨著 AI 與大數據的應用，科技理財不再只是工具，而是「智慧顧問」。張先生說，他的理財 App 會依照市場趨勢與個人風險屬性，主動提醒資產調整。專家指出，這樣的 AI 理財助理能減少投資焦慮，讓決策更理性。

安全與隱私：科技理財的雙面刃

雖然科技理財帶來便利，理財專家提醒，安全與隱私是不能忽視的重點。林先生說，他們家使用 App 時，都會設定雙重驗證與定期更新密碼。專家建議，選擇具金融監管認證的平臺，才能在享受科技帶來的彈性時，更安心。

小結　智慧理財新時代：科技讓金錢管理變簡單

本章帶領讀者進入數位理財的新紀元，從網購、電子支付、數位銀行，到各種線上資產管理工具與 AI 理財助理，完整介紹科技如何徹底改變我們的理財方式。這不只是操作工具的技巧教學，更提醒我們：科技不是目的，而是理財效能的放大器。你會學到如何用回饋機制累積小額資產、用 App

小結　智慧理財新時代：科技讓金錢管理變簡單

記帳避免遺漏、用智慧理財系統統整保單與資產資訊，甚至能用 AI 幫你比較商品、規劃預算。對於不熟悉數位工具的家庭，本章也提供安全守則與漸進式上手建議。重點在於：當我們善用科技，就能減少人為疏失，放大決策效能，把時間與精力留給真正重要的事，讓理財更聰明、更省心，也更貼近生活需求。

第 7 章　網路與科技理財：智慧理財新風潮

第 8 章
信用管理與負債規劃：
善用而不沉淪

第 8 章　信用管理與負債規劃：善用而不沉淪

8.1　認識信用卡的好與壞

信用卡，便利與風險共存的工具

在臺灣，信用卡已成為多數家庭日常消費不可或缺的支付方式。理財專家指出，信用卡的優勢與風險並存，關鍵在於如何善用而非被動承擔。黃先生說，他覺得信用卡像一把雙面刃：刷得好是省錢的幫手，刷不好則可能成為債務的來源。

信用卡的好處：便利與彈性

理財專家分享，信用卡的優點包括：

- 即時支付與延後付款：可先消費後付款，讓現金流更彈性。
- 分期付款與彈性還款：適度使用可減輕短期支出壓力。
- 現金回饋與點數累積：善用優惠可省下不少日常開銷。
- 旅遊與購物保障：部分信用卡提供旅行平安險與消費保障。

林太太說，她每月固定用信用卡繳水電費與交通費，省下不少現金回饋，也方便記帳。

信用卡的潛在風險

然而，信用卡若使用不當，也可能成為家庭財務的陷阱。周太太分享，她曾因信用卡過度消費，陷入長期還款壓力。理財專家提醒，信用卡的主要風險包括：

- 超額消費：信用卡讓人「先享受、後付款」，容易忽略實際支出能力。
- 高額利息：未能全額還款，利息負擔驚人。
- 逾期紀錄影響信用：逾期還款可能影響信用評分，增加未來借貸困難。

如何讓信用卡成為財務的好幫手？

理財專家建議，想善用信用卡，應從以下三大面向著手：

- 設定預算與紀律：每月刷卡金額應在可負擔範圍內，盡量全額繳清。
- 選對信用卡：依照消費習慣選擇有高回饋或專屬優惠的卡種。
- 定期檢視信用紀錄：透過 App 或銀行網站，隨時掌握繳款進度與消費結構。

第 8 章　信用管理與負債規劃：善用而不沉淪

8.2　信用卡理財妙招

信用卡，聰明運用的理財利器

在現代家庭中，信用卡已不再只是支付工具，更是理財的重要一環。理財專家指出，信用卡若能正確使用，不僅能省錢，還能幫助實現生活夢想。林太太說，她透過信用卡的回饋與分期優惠，讓家庭旅遊與孩子教育基金更有底氣。

妙招一：挑選適合的信用卡

信用卡不是愈多愈好，而是「選對比選多重要」。理財專家分享，挑選信用卡時，應考慮以下幾點：

- ◆ 回饋類型：現金回饋、點數累積或里程回饋，依家庭需求做選擇。
- ◆ 消費習慣：若常外食可選餐飲高回饋卡；若偏好旅遊，則挑里程累積卡。
- ◆ 年費與優惠條件：避免因年費高昂而抵銷回饋金額。

黃先生說，他們家就選擇了能與超商消費結合的信用卡，讓日常小花費也能成為省錢助力。

妙招二：善用分期零利率優惠

理財專家提醒，若有必須支出的高單價項目（如家電、孩子的才藝課程），可善用信用卡分期零利率優惠，分散資金壓力。林先生說，他用分期購買家中冷氣，避免一次付清造成預算吃緊。重點是，選擇「零利率」方案，才能確保分期不變成利息負擔。

妙招三：掌握回饋日與專屬優惠

信用卡發卡行常推出「刷卡日」或「聯名卡專屬優惠」。張太太說，她善用週三超市回饋日，讓家庭採買更省錢。理財專家提醒，可多關注發卡行的 App 或簡訊通知，把握時間點，放大信用卡的省錢效益。

妙招四：利用自動扣繳，避免遲繳

周先生分享，過去因忘記繳卡費，付了高額利息。後來他申請「自動扣繳」，讓每月繳款更有紀律。理財專家強調，避免遲繳不僅省下利息，更能維護良好的信用評分，為未來貸款或購屋加分。

妙招五：結合理財工具，全面掌控

理財專家建議，可將信用卡帳單結合記帳 App，隨時檢視每月花費與回饋進度。張先生說，他透過 App 自動整理信用卡消費結構，發現原本被忽略的小花費，竟是省錢的潛力股。

小心陷阱：避免因省小錢而花大錢

雖然信用卡優惠多，理財專家提醒，仍要小心以下幾個常見陷阱：

- ◆ 為了回饋而衝動消費：超出預算的花費，最終還是壓力。
- ◆ 忽略總體負擔：即使分期零利率，也要確認總金額是否符合家庭預算。
- ◆ 多卡管理困難：若卡片太多，反而容易混淆，增加遺漏或過度使用的風險。

學會用「一主卡一備卡」方式，避免多卡亂刷造成麻煩。

8.3 合理利用分期付款

分期付款：財務靈活的雙面刃

在臺灣，分期付款已成為家庭消費常見的工具，無論是家電、醫療、學費，或是旅遊支出，分期都提供了短期內的資金彈性。理財專家提醒，分期若善用，是理財的好幫手；若濫用，則可能成為家庭財務壓力的來源。黃先生說，他一開始以為「分期就輕鬆」，後來才發現若不謹慎，分期金額累積起來，反而吃掉了未來的預算。

分期付款的優勢

理財專家分享，分期付款的優勢在於：

- 減輕短期壓力：將一次性大額支出，分攤到多個月度。
- 提高生活品質：讓必要的支出（如醫療、教育）不因資金短缺被延誤。
- 免利息方案更有彈性：許多商店或信用卡提供「零利率」分期，無須負擔額外利息。

林太太說，她利用分期方案替孩子報名才藝課，讓孩子的夢想不因預算被犧牲。

第8章　信用管理與負債規劃：善用而不沉淪

分期的風險與迷思

然而，分期付款的便利背後，也存在潛在風險。周太太分享，曾因一次刷卡分期買新家具，卻忘了還有其他分期在跑，最後月付壓力大到喘不過氣。理財專家提醒，分期的風險包括：

- 忽略總體負擔：每月只看單筆分期金額，卻忽略多筆分期疊加後的總額。
- 零利率不等於免費：部分「零利率」方案，可能透過手續費或附帶條款提高實際成本。
- 延後付款心態：讓人忽略支出與收入的平衡，未來還款時才感受到壓力。

合理利用分期的三大原則

理財專家建議，家庭要善用分期付款，應掌握以下三大原則：

1. 只用於必要支出

例如醫療、教育、家中急需的耐用品，而非短暫快感或非必要奢侈品。

2. 掌握總額與期間

把所有分期負擔納入家庭預算,確認每月還款不超過可支配收入的三成。

3. 優先選擇零利率與無額外負擔方案

確保分期不會讓家庭預算長期失衡。

透過「分期前先檢視、分期後定期盤點」的習慣,讓分期成為生活彈性而非壓力。

8.4 小額貸款與大額負債管理

貸款,財務的彈性或壓力?

在臺灣家庭的財務規劃中,小額貸款與大額負債常被視為雙面刃:若運用得宜,能為夢想與生活帶來彈性;若不當使用,卻可能成為財務壓力的源頭。理財專家指出,關鍵在於「量力而為」與「規劃明確」。黃先生說,他過去因為缺乏規劃而被貸款壓得喘不過氣,後來學會了正確的借貸與管理方式,才找回生活的平衡。

第 8 章　信用管理與負債規劃：善用而不沉淪

小額貸款的常見情境與好處

小額貸款在日常生活中用途多元，例如：

◆ 醫療支出：面對突發性的醫療費用，緊急借貸可紓解壓力。
◆ 教育投資：補習、留學或證照課程，適度借款助圓夢。
◆ 生活週轉：收入暫時不穩時，應急性資金靈活度。

理財專家分享，小額貸款的優勢在於：額度小、審核快速，若還款計畫明確，是財務靈活度的重要來源。

大額負債：房貸與車貸的理性布局

大額負債（如房貸、車貸）常被視為「良性負債」，因其與家庭長期生活品質密切相關。周太太說，他們家買房貸款雖龐大，但因為收入穩定、還款比率合理，反而成為資產累積的助力。理財專家提醒，大額負債管理應該：

◆ 確認收入穩定：還款比率不宜超過可支配收入的三成。
◆ 鎖定合理利率：定期比較市場利率，必要時考慮轉貸或議價。
◆ 與生活目標結合：確保負債支出仍讓家庭維持生活品質與夢想追求。

小額貸款的風險與迷思

理財專家提醒，小額貸款雖靈活，但若無計畫，仍可能帶來風險：

- ◆ 利率偏高：與房貸、車貸相比，小額貸款利率通常較高。
- ◆ 短期週轉成長期負擔：若無明確還款計畫，容易「借新還舊」惡性循環。
- ◆ 隱形手續費：部分貸款附帶手續費或提前清償違約金，需仔細閱讀契約。

林太太說，她曾因未注意貸款手續費，額外多付出一筆「學費」。

聰明借貸與負債管理策略

理財專家建議，善用借貸資金，應掌握以下原則：

- ◆ 量入為出：先評估家庭還款能力與緊急預備金，避免過度借貸。
- ◆ 縮短還款期數：期數越短，總利息支出越少。
- ◆ 定期盤點負債：每季檢視負債結構，必要時考慮重整或償還。
- ◆ 家庭共識優先：借貸前先和家人充分討論，避免日後衝突與壓力。

第 8 章　信用管理與負債規劃：善用而不沉淪

8.5　避免債務陷阱的警覺

債務陷阱，生活中不容忽視的挑戰

在臺灣，許多家庭因為生活開銷、購屋或孩子教育支出而借貸。然而，理財專家提醒，若缺乏規劃或理性分析，債務可能變成無底深淵。林太太說，她一開始以為借貸能讓生活更輕鬆，結果卻因為信用卡分期與小額貸款的疊加，讓生活陷入焦慮。

什麼是債務陷阱？

理財專家指出，債務陷阱通常出現在以下情況：

- 過度依賴信用卡或分期：刷卡或分期成為習慣，忽略實際負擔能力。
- 借新還舊：以新貸款支付舊貸款，負債雪球越滾越大。
- 高利貸或不當管道：急用錢而向非正規貸款求助，結果利息高得嚇人。

周先生說，他曾向民間借貸應急，後來發現利息比銀行高出數倍，後悔不已。

警覺一：認清負債的本質

理財專家提醒，借貸本身並不可怕，可怕的是「不知道為什麼借」與「借得沒有計畫」。在借錢前，先問自己：

- 這筆錢是用在哪裡？
- 是否真的必要？
- 還款能力與期限是否明確？

這樣的自我提醒，才能避免盲目擴大債務。

警覺二：注意貸款總成本

張先生說，他過去以為零利率分期就不用怕，後來發現分期手續費與總金額其實暗藏高成本。理財專家提醒，家庭借貸時，應看清楚「總還款金額」而非僅是月付金額。零利率分期若加上手續費，也可能是一筆不小的負擔。

警覺三：養成記帳與還款檢視習慣

理財專家分享，記帳與定期檢視債務，是避免掉入陷阱的有效工具。林先生說，他用理財 App 記錄每筆分期與貸款，讓自己看見還款進度與總體負擔。視覺化的數據能讓人更警覺，也減少因「忘記」或「低估」而產生的風險。

第 8 章　信用管理與負債規劃：善用而不沉淪

警覺四：謹防過度樂觀與心理陷阱

心理學家凱莉・麥高尼格（Kelly McGonigal）提醒，許多人借貸時過度樂觀，以為未來收入一定能支應還款，但現實常常不如預期。理財專家建議，借貸前應評估風險情境，考慮若收入變動，家庭仍有能力應對。

警覺五：避免陷入「比較」的迷思

黃先生分享，他曾因朋友都買新車而心動借貸，結果發現多了一筆不必要的債務。理財專家指出，理財的重點是符合家庭需求，而非迎合外界眼光。過度比較與炫耀，只會增加壓力與債務。

家庭對話：債務也是愛的議題

理財專家強調，債務管理不該是單打獨鬥，而是全家人的共識。蔡先生說，他們家每季檢討一次債務狀況，大家彼此支持與提醒。心理學家布芮妮・布朗（Brené Brown）認為，這樣的對話能減少羞愧感與壓力，也讓家庭更有安全感。

善用專業資源與政府管道

當家庭債務已經成為負擔，理財專家建議尋求專業協助。周太太說，她透過社區理財顧問了解重整方案，也申請政府債務協商服務，減少利息與壓力。政府單位如「金融消費評議中心」與「財政部金管會」都提供免費資源，協助家庭走出債務困境。

8.6　建立健康的信用評分

信用評分：你財務健康的指標

在臺灣，信用評分不只是借貸的門檻，更是個人財務健全的象徵。理財專家指出，信用評分影響的不僅是貸款利率，還包括未來買房、信用卡申辦，甚至職場上的信任度。黃太太說，過去不重視信用評分，後來才發現影響比想像中大得多。

什麼是信用評分？

理財專家解釋，信用評分是金融機構根據你的借貸與還款紀錄、信用卡使用情形、收入與職業穩定度等多重指標，

第 8 章　信用管理與負債規劃：善用而不沉淪

綜合評估出的一個分數。分數越高，代表財務管理能力越強，借款時獲得的條件也會更優。

信用評分的重要性

周先生說，他申請房貸時因信用評分良好，獲得比市場更低的利率，省下可觀利息。理財專家分享，良好的信用評分帶來的好處包括：

1. 貸款利率更低

良好的信用可換取更低的房貸、車貸或小額貸款利率。

2. 信用額度更高

銀行更願意核發較高的信用額度或循環信用額度。

3. 避免財務風險

信用評分良好，遇到突發事件時更容易獲得資金支援。

信用評分就像「財務健康檢查表」，提醒自己保持好習慣。

如何建立健康的信用評分？

理財專家建議，以下五大關鍵是信用評分的基礎：

1. 準時繳款

信用卡、貸款或水電費等帳單，都應按時繳納。遲繳紀錄會直接影響信用分數。

2. 控制負債比率

負債比率過高（如信用卡接近額度上限），會讓銀行認為財務風險升高。保持每月刷卡金額在額度的三到五成，是健康習慣。

3. 多元化信用紀錄

張先生說，他除了信用卡外，偶爾使用小額信貸，讓信用紀錄更完整。專家提醒，適度分散信用使用，能展現還款能力與信用彈性。

4. 避免過度申請新貸款

理財專家指出，短時間內多次申請新卡或貸款，會讓銀行懷疑資金需求是否異常，進而拉低分數。

5. 定期檢視信用報告

黃太太分享，她每年向聯徵中心申請免費信用報告，確認紀錄無誤，也能發現是否有被冒用或盜刷的風險。

第 8 章　信用管理與負債規劃：善用而不沉淪

8.7　聰明借貸與理性還款

借貸，家庭理財的彈性工具

在現代社會，借貸早已是多數家庭財務規劃中的常見手段。理財專家指出，借貸若能善加運用，能帶來生活的彈性與夢想的實現；但若忽略規劃，則可能成為家庭壓力的來源。林太太說，他們家透過理性借貸，讓孩子的教育與父母的醫療都不耽誤。

聰明借貸：三大原則

理財專家建議，借貸時應把握以下三大原則：

1. 目標清晰

借貸前，應先釐清用途與必要性。黃先生說，他們家為了裝潢新房而申請房貸，確保貸款金額與用途明確，而非為了短暫的消費欲望。

2. 量力而為

理財專家提醒，貸款金額應控制在家庭可支配收入的三成以內，避免未來無法承擔。張太太分享，她們家曾因借款過多，生活品質大幅下降，後來學會量入為出。

3. 比較與議價

不同銀行與貸款方案的利率、還款期數與手續費差異大。林先生說，他多方比較房貸利率，還成功爭取到減免手續費的優惠，省下不少錢。

理性還款：確保長期穩健

借貸後，理性還款是避免壓力累積的關鍵。理財專家分享，理性還款應包含：

- 按時繳款：避免逾期產生高額違約金與利息負擔。
- 提前還款的彈性：若有餘裕，可提前還部分本金，減輕未來利息。
- 定期檢視負債結構：檢視還款進度與餘額，適時調整策略。

周先生說，他們家每半年開一次家庭理財會議，檢討貸款還款進度，確保債務不會成為長期壓力。

避免借貸的三大迷思

理財專家提醒，以下是常見的借貸迷思：

(1)過度樂觀：低估未來還款壓力，忽略生活中的不可預測因素。

(2)隨意增加負債：信用卡分期、循環信用與小額貸款多頭並行，可能讓家庭現金流陷入危機。

(3)不當使用貸款：借款用途脫離原本目標，如用教育貸款買消費性商品，將帶來長期的財務風險。

8.8　信用危機的化解策略

信用危機，現代家庭的隱形挑戰

在臺灣，隨著信用卡與貸款普及，信用危機的議題逐漸受到重視。理財專家指出，信用危機不僅是「錢」的問題，更影響家庭的安全感與生活品質。黃先生說，他因為忘記繳卡費而影響信用評分，申請房貸時遇到困難，才真正重視信用的重要性。

什麼是信用危機？

理財專家解釋，信用危機通常是指：個人在還款或信用使用上出現問題，導致信用評分下降、借貸成本提高，甚至影響日常經濟活動的情況。林太太說，她年輕時刷卡過度，後來必須用更高利率借款還債，深感信用的重要。

信用危機的常見原因

理財專家分享,信用危機往往源於以下幾點:

- 遲繳或未繳款項:信用卡與貸款逾期,直接影響信用評分。
- 信用額度過高:長期刷爆卡額,銀行認為還款能力不足。
- 借貸結構混亂:多頭借貸、無計畫的分期或小額貸款。
- 財務壓力未調整:面對收入下降或突發支出時,缺乏因應策略。

周先生說,他曾因短期失業,無法如期還款,最後必須面對高利息與信用紀錄受損的壓力。

面對危機,如何化解?

理財專家建議,以下策略能幫助家庭面對信用危機時,化壓力為轉機:

1. 主動面對問題

面對逾期或負債問題,及時與銀行或貸款單位溝通,爭取展延或協商還款。

2. 制定分期還款計畫

若無法一次還清,理財專家建議將總負債分拆為可管理的分期計畫,減少短期壓力。

3. 善用政府資源

蔡先生說,他曾向「金融消費評議中心」尋求協助,協商減息與延長還款期,成功化解信用危機。

4. 停下不必要的開銷

張太太說,他們家在信用危機時,暫停一切非必要開銷,專注於還債,讓生活先恢復穩定。

長期策略：重建信用紀錄

理財專家指出,信用危機不是世界末日,重建信用是可能的:

- ◆ 準時繳款：從今天開始,每筆帳單準時還款,累積新的信用好紀錄。
- ◆ 降低負債比率：逐步減少信用卡使用率,避免刷爆額度。
- ◆ 保持穩定收入：銀行評估信用時,穩定收入是加分項目。

黃先生說,他用了兩年時間穩定還款,最終信用分數慢慢回到健康水準。

8.9 如何與銀行保持良好關係

銀行，家庭理財的長期夥伴

在臺灣，銀行是家庭理財的重要後盾，從存款、貸款到投資與保險，都離不開銀行的支持。理財專家指出，與銀行保持良好的互動關係，不只是方便，更能在關鍵時刻獲得更多協助。黃太太說，他們家多年來與同一家銀行維持合作，遇到急需時獲得許多便利。

為什麼與銀行保持良好關係很重要？

理財專家分享，銀行是家庭財務的「隱形安全網」。當與銀行有良好往來關係，家庭能享有：

- 貸款更容易核准：良好的互動紀錄能加快審核，並獲得更佳利率。
- 彈性的金融服務：例如臨時調整還款方案、額度或信用卡額度提升。
- 優先取得新產品與資訊：銀行會優先通知 VIP 客戶市場新動態與優惠。

林太太說，因為長期使用銀行的理財產品，她獲得專屬顧問協助，幫助全家重新安排退休規劃。

第 8 章　信用管理與負債規劃：善用而不沉淪

建立良好銀行關係的基礎

理財專家建議，以下三點是建立長期良好關係的基礎：

1. 準時繳款，維持信用紀錄

林先生說，他從不讓信用卡或貸款有遲繳紀錄，因為這是銀行評估的第一印象。準時繳款不僅能避免罰息，也讓銀行對客戶更有信心。

2. 積極使用銀行產品

理財專家分享，與其只把銀行當作提款機，不如了解並運用它的多元服務，例如定存、保險、基金與外匯等。這樣的活躍度，會讓銀行更願意提供專屬資源。

3. 透明溝通與信任累積

蔡先生說，他曾因工作變動無法如期還款，主動找銀行協商後，銀行提供了彈性方案，也沒影響到往來關係。理財專家指出，透明溝通是避免誤解的關鍵。

善用銀行提供的專業資源

銀行不只是資金管道，也是家庭的理財顧問。黃先生說，他會定期與理財專員見面，檢討投資組合與貸款策略。理財專家提醒，善用以下資源：

- 理專或投資顧問的諮詢：了解市場趨勢與產品特色。
- 網銀與 App：隨時掌握資產動態，也能獲得專屬優惠資訊。
- 免費講座與說明會：銀行常辦理理財講座，能開拓視野與學習新知。

8.10　信用是你的第二生命

信用，無形卻真實的資產

在臺灣社會，信用常被視為「看不見的財富」。理財專家指出，信用分數不只是銀行貸款或信用卡申請時的數字，更是決定家庭理財彈性與安全的無形資產。王先生說，他直到買房貸款時，才發現信用分數的重要性：不只是利率差距，更是銀行對家庭信任的展現。

信用：生活與財務的橋梁

理財專家分享，良好的信用能為家庭帶來：

- 更低的貸款利率：銀行更信任有良好還款紀錄的家庭。
- 更高的資金彈性：面對突發支出時，能迅速取得低成本資金。

第 8 章　信用管理與負債規劃：善用而不沉淪

◆ 職場與人際關係的加分：越來越多企業在面試或晉升時，也會參考信用狀態。

信用不只關乎金錢，更是一種對未來的安全感。

信用的日常管理

林先生說，他每天用手機 App 檢視信用卡與貸款帳戶，確保沒有遺漏。理財專家建議，日常信用管理包含：

（1）按時繳款：最基礎也最重要的一步。

（2）控制信用卡使用比率：維持在額度的三至五成，有助於信用分數穩定。

（3）避免不必要的查詢與申請：短期內多次申請貸款，會讓銀行質疑信用穩定度。

（4）保持良好的職業與收入紀錄：銀行評估信用時，穩定收入是重要條件。

信用危機的警覺與應對

理財專家提醒，信用的建立需要時間，但信用危機卻可能一夕成形。張先生說，他曾因短期失業而延遲還款，信用分數一度下滑。面對危機時，應：

◆ 主動與銀行溝通：爭取協商方案，避免逾期紀錄擴大。

- ◆ 停止不必要的開銷：讓資金優先用於還款，重建信用基礎。
- ◆ 尋求專業協助：如金管會或社區理財顧問，都是免費資源。

小結
信用與負債：雙刃劍的聰明使用術

本章深入探討現代家庭最常面臨的問題之一 —— 信用管理與債務規劃。它不是在否定借貸，而是提醒你：信用若用得好，是推動家庭資金流的加速器；但若濫用，則可能成為拖垮財務的隱形炸彈。從信用卡理財技巧、分期付款的利弊，到貸款分類、信用評分建立，本章全面解析風險與機會。它提醒你：債務的本質不是敵人，而是不熟悉規則的人才會輸。特別是當家庭面臨現金壓力時，懂得「借得聰明、還得合理」的財務規劃能力，才是真正的風險控制術。結尾以「信用就是第二生命」作為主軸，呼籲每個家庭建立一套自律、透明且有餘裕的信用體系，在需要時能靠它挺過難關，在平順時讓它助你登高。

第 8 章　信用管理與負債規劃：善用而不沉淪

第 9 章
風險管理與保障規劃：
讓家庭財務更穩健

第 9 章　風險管理與保障規劃：讓家庭財務更穩健

9.1　風險意識的培養

理財的基石：從風險認識開始

在臺灣家庭的理財過程中，風險管理常被視為「必要但容易忽略」的一環。理財專家指出，培養風險意識，不只是為了面對未知挑戰，更是讓家庭財務穩健、夢想得以實現的重要基礎。學會正面看待風險，是成熟理財心態的展現。

為什麼風險意識如此重要？

黃先生說，他過去以為「賺得多就好」，直到親友因意外住院，才深刻體會到風險無所不在。理財專家提醒，風險不只是市場波動，還包括：

- 意外與疾病：健康風險常帶來龐大的醫療與生活壓力。
- 收入中斷：如失業或景氣低潮，對家庭現金流的衝擊。
- 投資波動：市場不確定性可能影響長期目標。

理解風險的多元樣貌，是建立穩健理財策略的第一步。

如何在生活中培養風險意識？

理財專家建議，以下三步驟是風險意識養成的關鍵：

1. 日常觀察

從生活大小事中，學習辨認潛藏的風險。例如：家中長輩的健康狀況或職場穩定度，都是需要留意的環節。

2. 主動學習

透過理財講座、閱讀相關書籍，了解風險管理的觀念與工具。

3. 模擬情境

定期思考「如果……」的假設，如突然失去收入，家庭該如何應變？這樣的練習能幫助提前做好準備。

風險不是恐懼，而是規劃的起點

林太太說，她以前一聽到「風險」就緊張，後來學會把風險視為理財規劃的一部分。理財專家提醒，風險並不一定是壞事，反而是引導家庭找到更穩健資產配置的契機。透過風險意識，家庭能：

◆ 提早準備緊急預備金與保障規劃；

- 讓投資決策更理性,不被短期波動牽著走;
- 找到生活與夢想的平衡點。

9.2　家庭保險的選擇原則

保險:家庭風險管理的關鍵工具

在臺灣家庭的理財規劃中,保險不只是商品,更是守護生活與夢想的防線。理財專家指出,保險的本質是風險分散,讓家庭在面對不可預測的事件時,能保持生活穩定與安心。黃先生說,他過去以為保險只是花錢買安心,後來才體會到,它其實是家中最穩定的保障網。

保險的重要性:看見生活的脆弱面

理財專家提醒,家庭面臨的風險多元,從疾病、意外到自然災害,每個都可能對家庭財務帶來重大衝擊。林太太說,她曾因先生突發住院,醫療費一夕暴增,幸虧有保險支撐,讓家庭生活不致崩潰。保險的存在,不只是填補金錢缺口,更是守住家庭夢想的基礎。

9.2 家庭保險的選擇原則

家庭保險的基本原則

理財專家分享,選擇保險商品時,應把握以下三大原則:

1. 需求優先

蔡太太說,他們家討論保險時,先從「最怕什麼風險」出發,釐清需要優先保障的面向。理財專家建議,醫療、意外與重大疾病通常是家庭最先關心的項目,其次才是財產與責任保障。

2. 量力而為

理財專家提醒,保險雖是必需品,但也不能為了保障過度壓縮生活品質。張先生說,他們家會將保費控制在家庭總收入的10%～15%以內,既保有彈性,也不影響其他夢想的實現。

3. 搭配家庭整體理財計畫

周先生分享,他們家在討論保險時,會先確認現金流與投資規劃,讓保險不是額外負擔,而是與家庭目標一致的保障工具。

不同保險類型的特色

理財專家指出,保險類型眾多,應根據家庭階段與生活型態,彈性選擇:

(1) 醫療險:應對住院、手術等醫療費用,臺灣健保雖完善,但實支實付型醫療險能減少自費壓力。

第 9 章　風險管理與保障規劃：讓家庭財務更穩健

(2)意外險：涵蓋意外事故帶來的醫療與殘疾風險，對於戶外活動多或工作風險高的家庭特別重要。

(3)重大疾病險：針對癌症、中風等高花費疾病，提供一次性給付，減輕家庭經濟負擔。

(4)壽險：保障家中經濟支柱若過世，留給家人的生活支持。

(5)財產與責任保險：如住宅火險、汽車險，保障家庭財產與他人責任風險。

避免常見的保險迷思

理財專家提醒，選擇保險時，要小心以下常見錯誤：

- ◆ 重複投保：多張保單保障相同項目，卻無法多次理賠，浪費保費。
- ◆ 只看業務推銷：忽略家庭實際需求，買到與生活不合適的保單。
- ◆ 忽視保單條款：細節如免責條款、理賠範圍，常被忽視，事後才發現保障有限。

黃太太說，他們家曾在理賠時，才發現原來保單只保障特定醫院，後來學會仔細閱讀條款。

9.3　緊急預備金的建立

緊急預備金：家庭抗風險的第一道防線

在臺灣，理財專家普遍認為，緊急預備金是家庭財務穩健的基礎。黃先生說，他們家經歷過一次突如其來的醫療支出，才深刻體會到預備金的重要。專家提醒，緊急預備金就像家中的防火牆，能減少外部風險對生活的衝擊。

什麼是緊急預備金？

理財專家解釋，緊急預備金指的是一筆可隨時動用、具高度流動性的資金，目的是因應家庭面臨的突發支出，如醫療急用、失業或臨時生活費。林太太說，他們家的緊急預備金就放在銀行活存，隨時可動用。

為什麼家庭需要緊急預備金？

理財專家指出，家庭面臨的風險層出不窮，包括：

◆ 醫療與健康風險：看似健康的家庭，也可能因疾病或意外造成臨時支出。

第 9 章　風險管理與保障規劃：讓家庭財務更穩健

◆ 收入中斷：如失業、產假或家庭照顧責任，會影響收入穩定性。
◆ 突發生活開銷：家電故障、車輛維修等，雖非重大災難，但會影響家庭現金流。

周太太說，有了緊急預備金，讓她在面對突發狀況時，心裡更踏實。

建立緊急預備金的原則

理財專家分享，以下是建立緊急預備金的三大原則：

1. 金額目標

家庭應至少準備3～6個月的生活開銷，若家庭有小孩、長輩或自營收入，建議拉高到 6～12 個月。

2. 存放管道

緊急預備金應存放在流動性高的帳戶，如銀行活存或定存，可隨時提領，避免投資於風險性商品。

3. 專款專用

林先生說，他們家的預備金帳戶不與其他支出混用，確保「真正專用於緊急用途」。

如何開始累積緊急預備金？

對多數家庭來說，建立這筆資金看似不易，但理財專家分享，從小額開始，累積就是關鍵。蔡太太說，他們家每月固定將收入的 10% 存入預備金帳戶，日積月累，慢慢建立起安全感。

避免常見迷思

理財專家提醒，以下是累積緊急預備金時常見的迷思：

- ◆ 一次想存太多：一口氣設定過高目標，導致中途放棄。
- ◆ 用於非必要支出：如想買新電視就動用預備金，會失去原本的防禦力。
- ◆ 忽略定期檢視：家庭結構與收入變化，預備金的金額也要跟著調整。

持續檢視與彈性調整

理財專家提醒，隨著生活型態與家庭責任改變，緊急預備金的金額與存放方式也要與時俱進。張先生說，他們家每年檢視一次，確保這筆錢真正能守護未來。

第 9 章　風險管理與保障規劃：讓家庭財務更穩健

9.4　健康保險與醫療保障

健康,是家庭幸福的根本

在臺灣,雖然有健保體系作為醫療保障的基礎,但理財專家指出,面對醫療費用高漲與生活風險多變,家庭仍需加強自我保障。黃先生說,家裡有長輩曾因病住院數月,醫療花費遠超出健保給付範圍,讓他們深刻體會到健康保險的重要性。

健保體系的基礎與限制

理財專家解釋,臺灣的全民健保雖然能提供基本醫療服務,卻存在以下限制:

- ◆ 自費項目比例高:特別是新型療程、病房升等或特別醫材,常需自費。
- ◆ 住院與重大疾病花費龐大:長期住院、癌症治療等,家庭的財務壓力往往超乎預期。

林太太說,她們家在面對化療費用時,發現自費部分才是最沉重的負擔。

健康保險的基本類型

理財專家指出,健康保險的選擇,應以家庭需求為核心,常見的類型包括:

- 住院醫療險:實支實付型,彌補健保給付不足的部分。
- 重大疾病險:針對癌症、心血管疾病等高花費病症,提供一次性給付。
- 手術險:針對住院期間的手術費用,減輕家庭經濟壓力。
- 長期照護險:應對高齡社會的長期照顧需求。

蔡先生說,他們家優先考慮重大疾病險與住院醫療險,確保大病來襲時仍能安心應對。

如何挑選適合的醫療保障?

理財專家建議,挑選健康保險時,可從以下四大原則出發:

(1) 釐清需求:考量家庭成員年齡、工作型態與健康狀況。

(2) 檢視保障範圍:了解保單是否涵蓋常見疾病與自費項目。

(3) 評估預算與負擔:保費應控制在家庭可支配收入的 10%～15% 內。

第 9 章　風險管理與保障規劃：讓家庭財務更穩健

(4)善用專業顧問：與理財顧問或保險業務員討論，避免買到重複或不合適的保障。

張太太說，他們家曾因忽略保單細節，事後理賠時發現保障不如想像中完整，後來學會事前多問、多比較。

定期檢視與調整保障

理財專家提醒，隨著年齡增長與生活型態改變，醫療保障也需要與時俱進。黃先生說，他們家每兩年檢討一次保單，確認保障仍能因應家庭新階段的挑戰。

9.5　意外險的必要性

意外，生活中無法預測的風險

在臺灣，理財專家提醒，雖然多數人認為意外風險離自己遙遠，然而，意外往往發生在最意想不到的時刻。黃先生說，他的一位親戚在路上發生車禍，短短幾秒鐘卻造成長期的財務壓力，從此開始重視意外險的重要性。

9.5 意外險的必要性

什麼是意外險？

理財專家解釋，意外險是專門應對意外事件造成的傷害或身故損失的保障，與醫療險或壽險不同，它針對的是突發、非疾病引起的風險。林太太說，意外險給了她一份「臨時保護傘」，讓家裡有更多的安全感。

意外險的主要保障範圍

意外險的保障通常包括：

- 意外身故給付：被保人因意外過世時，給付保險金給家屬。
- 意外殘廢給付：因意外導致殘廢，按程度給付相應比例的理賠金。
- 意外醫療補償：因意外事故產生的住院、手術與門診費用。
- 特定事故附加保障：如騎乘機車、搭乘大眾交通工具時的加值保障。

林先生說，他從事戶外活動較多，特別重視意外醫療補償與殘廢保障，避免因為運動或外出受傷影響生活。

第 9 章　風險管理與保障規劃：讓家庭財務更穩健

意外險的適用族群

理財專家認為，意外險不只是高風險行業的專屬，以下族群都應納入考量：

- ◆ 職場人士：上下班通勤、差旅都有潛在風險。
- ◆ 家庭經濟支柱：發生意外可能影響整個家庭的生活品質。
- ◆ 學生與兒童：日常活動中也存在跌倒或運動傷害的可能。
- ◆ 退休族群：雖無工作壓力，但日常活動仍可能遇到意外風險。

家庭理財規劃中的意外險角色

理財專家提醒，意外險是家庭財務安全網的基礎之一。張太太說，他們家有小孩，意外險是必要支出，因為孩子活潑好動，風險更高。意外險能補足醫療險的不足，尤其是處理短期且臨時性的經濟衝擊。

如何挑選合適的意外險？

選擇意外險時，理財專家建議：

(1) 確認保障額度：依家庭責任與職業風險調整，通常建議至少 100 萬起跳。

(2)檢視保障範圍：是否涵蓋意外醫療與殘廢保障，避免僅有身故保障。

(3)考量附加條款：如重大燒燙傷、交通事故加倍給付等，根據生活型態加值保障。

(4)與現有保險結構整合：避免保障重複或空缺，確保家庭風險分散完整。

9.6　壽險與退休保險策略

壽險與退休保險：穩健生活的後盾

在臺灣，壽險與退休保險被視為家庭財務穩健的重要一環。理財專家指出，壽險與退休保險不只是保障，還是對家人的責任與承諾。黃先生說，他過去以為壽險是「遺產工具」，直到太太生病住院，他才明白，壽險的存在，能讓生活不至於因風險失衡。

壽險：愛與責任的延伸

壽險主要是當家庭經濟支柱發生意外時，為家人提供財務支持。林太太說，他們家把壽險視為「留給家人的安全

繩」，萬一有一天經濟支柱不在，家人的生活仍有基本保障。理財專家提醒，壽險的基本功能包括：

- 身故理賠：確保家庭基本生活支出無虞。
- 遺產規劃：避免財務糾紛，讓家人能專注於生活重建。
- 債務清償：償還未清房貸、車貸，減輕家人負擔。

壽險類型與選擇原則

張先生說，他透過壽險補足家庭保障缺口。理財專家建議，壽險常見的兩種類型：

- 定期壽險：保障期間固定，保費較低，適合短中期保障需求。
- 終身壽險：保障終身，附加儲蓄功能，適合長期風險管理與傳承。

選擇時，可從以下原則出發：

- 根據家庭責任調整保障額度：以房貸、孩子教育費與生活開銷為基準。
- 量力而為：保費支出建議控制在家庭收入的 10%～15% 以內，避免壓力過大。
- 與其他保障整合：避免重複或缺口，確保全面風險分散。

退休保險：安心老後的保障

理財專家指出，臺灣已邁入高齡化社會，退休保障的規劃更顯迫切。蔡先生說，他年輕時沒想太多，直到看見長輩退休後生活緊縮，才明白退休保險的意義。退休保險的優勢包括：

◆ 補足勞保或國民年金的不足：確保退休後仍有穩定現金流。
◆ 減少對子女的依賴：讓孩子能專注自己的生活與家庭。
◆ 提升生活品質：確保醫療、旅遊與休閒需求仍能被滿足。

退休保險策略的四大原則

理財專家分享，規劃退休保險時，可從以下面向思考：

(1)越早開始越好：愈年輕開始規劃，保費成本愈低，長期效益愈顯著。

(2)多元化保障：結合壽險、年金險與投資型保險，平衡風險與報酬。

(3)彈性與調整：隨著收入與家庭結構變化，適時檢討保障與繳費結構。

(4)與家庭目標結合：退休不只是生活支出，還包括夢想與價值的實踐。

第 9 章　風險管理與保障規劃：讓家庭財務更穩健

9.7　財產保險的投保訣竅

財產保險：守護家庭資產的基礎

在臺灣，財產保險是家庭理財中不可或缺的部分。理財專家指出，財產保險不只是保護房屋或車輛，更是保障家庭生活不被突發事件打亂的安全網。黃先生說，當他家中因水管破裂造成天花板損壞，所幸有保險理賠，否則整修費用會讓家庭預算大亂。

財產保險的範圍與意義

理財專家分享，財產保險的主要保障包括：

- 住宅火險：防止火災、爆炸等事故造成的財產損失。
- 住宅綜合保險：除火險外，還涵蓋竊盜、管線漏水、天然災害等。
- 車險：包含車體險、第三人責任險、竊盜險等。
- 家財險：保障屋內財產如家具、家電因意外損壞或失竊。

投保財產保險的三大原則

理財專家建議，投保財產保險時，應從以下三大原則出發：

1. 量體裁衣，勿盲目重複

保障應依家庭資產價值與風險承受度而定。林先生說，他會先估算房屋與家財的實際價值，避免投保過度造成浪費，或投保不足造成保障缺口。

2. 認清條款與理賠範圍

許多家庭投保時只看價格與保額，卻忽略條款限制。理財專家提醒，應了解保障範圍、理賠限制與免責條款，避免事後產生理賠爭議。

3. 搭配現有保障與生活型態

家庭若已有其他保障（如房貸附帶火險），應檢視是否有重複。周太太說，她們家先檢視房貸火險保障，再額外加強天然災害與家財險，讓整體風險更完善。

避免常見的財產保險迷思

理財專家提醒，以下是常見的迷思，應特別留意：

- ◆ 只看保費便宜：便宜的保單未必保障全面，應兼顧內容與保額。

第 9 章　風險管理與保障規劃：讓家庭財務更穩健

- 忽略更新：家庭財產隨時間增加，保障額度也應與時俱進。
- 誤解自費與理賠條件：例如天然災害往往需另加保，許多家庭誤以為基本火險已涵蓋。

9.8　風險分散的實務操作

風險分散：面對不確定世界的必修課

在臺灣，面對日益多變的生活環境，理財專家提醒，風險分散已是家庭理財的重要課題。黃先生說，他過去以為只要有保險就萬無一失，後來才體會到，不同層面的分散才是真正的保障。

什麼是風險分散？

理財專家指出，風險分散是指將可能發生的風險分攤到不同的層面與工具，減少單一事件對家庭造成的衝擊。林太太說，他們家從資產配置到保險都強調分散，讓風險不會集中在一個地方。

風險分散的層面

理財專家分享，家庭風險分散可從以下層面進行：

1. 收入來源的分散

避免家庭收入只依賴單一工作，兼顧副業或投資收益。

2. 投資組合的多元化

不要把所有資金都放在單一商品或市場，如股市、債券、基金與不動產的適度搭配。

3. 保障結構的完整化

醫療險、意外險、壽險與財產險的結合，降低單一保險商品的不足。

4. 緊急預備金的配置

確保生活中出現臨時支出時，不需被迫動用長期資產。

張先生說，他們家從小額儲蓄、定期定額投資到房貸保險，都做了分散，生活更有底氣。

實務操作：家庭資產的多元配置

理財專家分享，資產配置是風險分散的核心。蔡先生說，他們家每月都會依據風險承受度，分散資金到股市、債券與定存，並留下一筆資金作為緊急預備金。專家提醒，配

置的原則應包括：

- ◆ 目標明確：短期、中期與長期目標分開安排。
- ◆ 風險承受度適中：依照年齡與家庭責任，調整投資比例。
- ◆ 定期檢討與調整：市場與生活變化，資產配置也要跟上腳步。

保險分散：補足各面向風險

保險也是風險分散的重要一環。林先生說，他們家有基本醫療險、意外險，並針對房屋加保火險與地震險。理財專家指出，單一保單無法全面保障，組合式的保險架構更能對應不同風險。

避免常見錯誤

理財專家提醒，分散風險不是「什麼都買一點」，應避免以下錯誤：

- ◆ 過度分散：投資太多小部位，反而難以管理。
- ◆ 重複保障：多張保單保障相同範圍，浪費保費卻無法加倍理賠。
- ◆ 忽略持續檢視：生活與市場在變，保障與投資也要與時俱進。

9.9 法律保障與風險管理

法律保障：家庭理財的無形護盾

在臺灣，理財專家提醒，家庭風險管理不僅是保險與投資，更需要透過法律制度來守護。黃先生說，他們家過去忽略了遺產規劃與法律文件，直到面對親人過世時，才發現法律的力量遠比想像中重要。

法律與風險管理的連結

理財專家指出，法律保障能讓家庭面對風險時更有秩序與彈性，包括：

- 遺產繼承：避免家庭紛爭，讓財產分配更清楚。
- 債務清償：合法程序保障債權人與債務人權益，減少衝突。
- 契約精神：保障借貸、租賃與買賣過程的公平與合法性。
- 權益聲明：如醫療同意書與財產授權，讓家人在特殊情境下仍能依法行事。

林太太說，她透過簡單的遺囑與財產分配書，讓家人明白彼此的責任與權益，減少誤解與糾紛。

第 9 章　風險管理與保障規劃：讓家庭財務更穩健

法律工具在家庭理財的應用

理財專家分享，以下是常見的法律工具與家庭理財的結合方式：

- 遺囑與信託：確保遺產依照心願分配，並可設立教育金或扶養基金。
- 財產授權書：若發生失能或重病，讓家人能合法管理財產與照顧需求。
- 婚前協議與財產分別制：保障雙方權益，避免財務糾紛。
- 保單與財產契約整合：將保險與財產透過法律文件確認，避免多方爭議。

周先生說，他與太太婚後協議部分財產分別制，讓家庭生活更安心，未來也更有彈性。

善用政府與專業資源

臺灣政府與多元法律機構提供許多免費或低成本的資源，協助家庭建立法律保障。蔡先生說，他曾向公證處諮詢遺囑規劃，發現流程簡單又不貴。理財專家建議，可透過以下管道獲得協助：

- 法律扶助基金會：提供低收入戶或一般家庭的法律協助。

- 公證人或律師服務：協助公證文件、信託設計或財產分配。
- 金融機構顧問：部分銀行或保險公司提供信託與遺產規劃顧問服務。

避免法律盲點與迷思

理財專家提醒，以下是家庭常見的法律保障盲點：

- 忽略更新：隨著家庭結構與資產變化，遺囑與信託應定期檢討。
- 缺乏明確性：模糊的條款容易引發爭議，應清楚界定。
- 只靠口頭承諾：重要協議務必落實書面化，才具備法律效力。

「白紙黑字最安全」，不再只靠口頭協議，避免未來不必要的紛爭。

第 9 章　風險管理與保障規劃：讓家庭財務更穩健

9.10　家庭風險管理的年度檢討

為什麼需要年度檢討？

在臺灣，許多家庭已經開始意識到理財與風險管理的重要性。然而，理財專家提醒，風險管理並非一次到位，必須隨著家庭結構、生活型態與市場變化不斷檢討與調整。黃先生說，他們家每年都會花時間檢視保單、貸款與投資，讓生活更有彈性與安全感。

年度檢討的目標與重點

理財專家分享，家庭風險管理的年度檢討，應該聚焦於以下三大目標：

(1) 確認現有保障是否充足：是否有新增加的風險未被涵蓋？

(2) 調整與生活變化同步：是否因為收入變動、家庭成員變化或其他因素，應該更新保障？

(3) 發現潛在風險：檢視過去一年的事件，找出尚未被妥善管理的風險點。

林太太說，她們家剛添了第二個寶寶，年度檢討時發現孩子的醫療保障不足，立即做了補強。

9.10 家庭風險管理的年度檢討

實務操作步驟

理財專家建議,以下是進行年度檢討的實務步驟:

1. 盤點所有保單與投資

張先生分享,他們家用 App 彙總所有保單與投資部位,避免遺漏。理財專家指出,全面性盤點是檢討的第一步,確保資料正確完整。

2. 檢視保障與需求的落差

透過對照家庭生活型態、責任與夢想,確認保障是否仍符合現況。

例如:孩子升學、家中長輩健康、工作收入變化等。

3. 檢視投資與負債結構

確保投資與負債的比例健康,並評估風險承受度是否需要調整。周先生說,他們家會利用這次機會調整投資配置,讓報酬與風險更平衡。

4. 討論家庭共識與夢想

理財專家提醒,風險管理不只是數字,也包含家庭的溫度。讓每個人分享對生活的期待與擔憂,才能讓規劃更有彈性與貼近現實。

第 9 章　風險管理與保障規劃：讓家庭財務更穩健

避免常見檢討盲點

理財專家提醒，進行年度檢討時應避免以下錯誤：

- ◆ 只看表面數字：保單金額或投資績效，不代表風險是否被妥善管理。
- ◆ 忽略新風險：像是疫情、氣候變遷等新型風險，也應列入討論。
- ◆ 缺乏後續行動：檢討後若無行動，仍無法強化保障與彈性。

小結　未雨綢繆的力量：風險規劃讓家庭財務更穩健

本章帶領讀者從「意外總會發生」的觀點出發，建立全面的風險管理與保障規劃思維。風險不可預測，但能夠被準備。從風險意識的建立談起，細緻地介紹各類保險——如健康險、意外險、壽險、財產險等的選擇原則與功能區隔，並輔以建立緊急預備金的實務建議，強調「保險≠投資，而是保本機制」。你會學到如何根據家庭結構配置保險，如何評估自身風險結構，並透過法律保障與年度檢討機制，使家庭財務處於可控狀態。透過保險與風險分散，為家庭打造一道看

小結　未雨綢繆的力量：風險規劃讓家庭財務更穩健

不見卻堅實的防線，讓生活能在最壞的情況下，仍保有基本穩定與尊嚴。這不只是理財技術，更是一種對未來的責任感與安全感的投資。

第 9 章　風險管理與保障規劃：讓家庭財務更穩健

第 10 章
穩健致富：財富傳承與夢想實現

第 10 章　穩健致富：財富傳承與夢想實現

10.1　財富傳承的重要性

財富傳承：不只是錢，更是夢想的延續

在臺灣社會，財富傳承常被視為「有錢人的話題」，但理財專家提醒，無論資產大小，財富傳承都是每個家庭面對未來的責任與智慧。黃先生說，他過去以為財富傳承只是分配遺產，後來才發現，傳承的意義更在於「讓家庭的愛與價值持續下去」。

財富傳承與家庭的連結

理財專家指出，財富傳承的價值在於：

◆ 保障家人生活：讓下一代面對生活挑戰時有更多彈性。
◆ 減少衝突與糾紛：清楚規劃避免分配糾紛，維繫家族和諧。
◆ 傳承價值觀與夢想：不只是金錢，更是家庭故事與信念的延續。

留給下一代的，不只是錢，而是智慧和方向。

財富傳承的常見挑戰

理財專家分享,財富傳承若缺乏計畫,常見以下問題:

- 分配不明確:造成兄弟姊妹間的誤解與矛盾。
- 繼承人準備不足:未提前教育下一代理財與責任感。
- 稅務負擔:不懂遺產稅與稅務規劃,讓家產縮水。

張先生說,他曾聽聞親戚家因財產糾紛,導致多年親情決裂,提醒自己「不能把這件事當作等以後再說」。

傳承的智慧:從溝通開始

理財專家建議,財富傳承最重要的第一步,是與家人建立開放的對話。周太太說,他們家每年有一次「家庭願景會議」,討論夢想、生活與財富傳承的安排。心理學家布芮妮‧布朗(Brené Brown)提醒,這樣的對話能減少恐懼與焦慮,讓傳承成為愛的延續。

財富傳承的工具與策略

理財專家指出,財富傳承並非一次分配,而是結合以下多種工具與規劃:

- 遺囑:確保財產分配明確,避免爭議。

- 信託：結合專業機構管理資產，兼顧保障與增值。
- 保險金：提供現金流，減輕遺產稅或突發支出壓力。
- 慈善與社會回饋：讓財富延伸至更廣的世界，培養下一代的公益心。

蔡先生說，他們家透過信託安排，讓孩子成年後才能分批取得資產，避免一時揮霍。

10.2　家庭遺產規劃基本概念

遺產規劃：幸福傳承的起點

在臺灣，理財專家指出，遺產規劃不僅是有錢人需要面對的課題，而是每個家庭都必須思考的問題。黃先生說，他最初覺得遺產規劃「離自己很遠」，後來才發現，無論資產大小，都關乎家人的未來安全與和諧。

什麼是遺產規劃？

理財專家解釋，遺產規劃指的是在生前安排個人財產如何在過世後分配，兼顧家人的經濟保障與稅務優化。林太太

說，她學會用遺產規劃來表達對家人的愛，讓這筆財富成為支持家人夢想的基礎。

遺產規劃的核心價值

理財專家分享，遺產規劃有三個核心價值：

- 保障家人生活：避免財產分配不當，影響家人生活品質。
- 減少爭議與糾紛：清楚的分配，減少日後親情破裂的機會。
- 減輕稅務壓力：合法運用稅務工具，降低遺產稅負擔。

周太太說，他們家經歷過親戚因遺產分配不清而形同陌路，因此學到要提前規劃。

遺產規劃的基本工具

理財專家指出，以下是臺灣家庭最常運用的遺產規劃工具：

- 遺囑：最基本的規劃文件，清楚說明財產如何分配。
- 信託：透過專業機構管理與分配財產，確保資產安全與長期目標。
- 保險金：提供現金流，協助家人應付短期開銷與稅務支出。

第 10 章　穩健致富：財富傳承與夢想實現

- 贈與規劃：分散遺產、減輕稅務負擔，並在生前參與資產分配。

蔡先生說，他們家在孩子成年前，先以小額贈與的方式協助孩子學理財，也減少日後的遺產稅負擔。

避免遺產規劃的三大迷思

理財專家提醒，家庭在進行遺產規劃時，常見以下三大迷思：

- 以為還早、不急著做：認為還年輕，忽略了人生無常，錯失最有利的時機。
- 只靠口頭約定：沒有落實書面文件，易引發日後爭議。
- 忽略稅務影響：不了解贈與和遺產稅規範，讓家人承擔額外負擔。

林先生說，他從父親的經驗中學到，法律文件是讓愛與信任得以持續的保障。

10.3　信託與遺囑的運用

信託與遺囑：傳承的關鍵工具

在臺灣，理財專家提醒，面對財富傳承的議題，信託與遺囑是最常被提及且必須理解的重要工具。黃先生說，他過去以為信託與遺囑只是有錢人才需要的東西，後來才發現，這兩者其實是讓家人安心、避免爭議的基礎。

遺囑：讓心願明確化

遺囑是最直接的財產分配方式。理財專家解釋，遺囑能讓個人在生前決定財產分配，減少後人間的誤會與衝突。林太太說，她父親生前就透過遺囑分配家中不動產，讓兄弟姊妹間仍能保持和睦。

遺囑的主要特色包括：

◆ 法律效力：經過公證或見證的遺囑，在法律上具備明確效力。
◆ 靈活度高：可隨時修改，讓安排與家庭需求同步。
◆ 情感的延伸：不只是分配金錢，也能在遺囑中表達對家人的愛與祝福。

第 10 章　穩健致富：財富傳承與夢想實現

理財專家提醒，遺囑應避免模糊語言，並經過專業見證，確保未來執行時無爭議。

信託：長期管理與彈性傳承

信託則是另一種財產管理與傳承的工具。張先生說，他們家透過信託，確保孩子成年後才能領取特定資產，避免一次揮霍。理財專家指出，信託的特性包括：

- 專業管理：由信託公司或金融機構協助，保障資產安全。
- 分批給付：可設計分期或條件給付，保護資產長期價值。
- 稅務與法律彈性：適度運用可降低遺產稅負擔，兼顧合法合規。

運用時的搭配與選擇

理財專家分享，遺囑與信託並非只能選一，實務上通常搭配使用：

- 遺囑：明確指定財產分配與受益人。
- 信託：將指定的財產交給信託機構，根據家庭需求彈性執行。

周太太說，他們家先透過遺囑確立分配大方向，再透過信託設計長期目標與細節。

如何開始規劃？

理財專家建議,家庭可從以下步驟開始:

(1)盤點資產與負債:確認有哪些財產與應考慮的責任。

(2)討論家庭目標與需求:讓每位成員的想法被尊重,增加共識。

(3)諮詢專業顧問:與律師或理財顧問討論最佳安排。

(4)落實文件與更新:完成遺囑與信託文件後,定期檢視並隨生活變化更新。

蔡先生說,他每兩年會與顧問檢討一次信託結構,確保它與家庭計畫同步。

10.4　如何避免家產糾紛

家產糾紛:家庭幸福的無聲威脅

在臺灣,家產糾紛屢見不鮮,無論資產大小,都可能因缺乏規劃與對話而導致家人決裂。理財專家提醒,避免家產糾紛不是有錢人的專利,而是每個家庭都必須學會的課題。黃先生說,他的一位親戚因父母過世後遺產分配不明,兄弟姊妹多年不往來,讓他決心提前規劃,守護家人感情。

第 10 章　穩健致富：財富傳承與夢想實現

家產糾紛的常見原因

理財專家分享，家產糾紛的根本原因通常來自：

- ◆ 缺乏明確規劃：沒有遺囑或財產分配文件，親屬間各說各話。
- ◆ 認知落差：家人對財產價值或權益有不同解讀，誤會累積成衝突。
- ◆ 情感與信任破裂：長期缺乏對話與信任，導致財產分配成為壓垮家庭的最後一根稻草。

林太太說，很多時候，真正讓人痛苦的不是錢，而是「被忽視或不被信任」的感覺。

預防家產糾紛的四大原則

理財專家建議，以下四大原則是守護家庭和諧、避免糾紛的關鍵：

(1) 透明溝通：定期與家人討論財產安排與未來期望，讓每個成員都能表達想法與顧慮。

(2) 及早規劃：不要等到健康或精神狀況出問題才倉促處理，及早規劃更能減少誤會。

(3) 法律文件落實：善用遺囑、信託與其他法律文件，讓安排具有法律效力。

(4)結合情感與理性:尊重每個人的感受,同時兼顧公平與現實需求。

周先生說,他們家把這些原則當作「家庭和平條約」,每年檢視一次,讓家人安心也更有凝聚力。

工具與策略:善用法律與專業資源

理財專家指出,避免家產糾紛不只是家人間的共識,還需要法律與專業的支援。常見的工具包括:

◆ 遺囑:明確財產分配,避免爭議。
◆ 信託:長期管理資產,分批給付或設立特定條件,確保財產不被揮霍。
◆ 婚前協議與財產契約:對於新婚家庭或繼親家庭,能先釐清權益。
◆ 專業諮詢:律師、理財顧問與會計師可提供專業意見,讓安排更全面。

蔡太太說,他們家透過律師協助草擬遺囑,讓每個人的權益都被保障,也減少了日後的擔憂。

第 10 章　穩健致富：財富傳承與夢想實現

10.5　代間財富教育與培養

代間財富教育：讓家產不只是遺產

在臺灣，理財專家提醒，財富教育是讓家產真正成為幸福的橋梁。黃先生說，小時候他父親總說：「不要只想存錢，要學會管錢。」這句話讓他明白，代間財富教育是比單純的錢更長遠的禮物。

財富教育的真正意義

理財專家指出，代間財富教育不只是教孩子怎麼花錢或賺錢，而是：

- ◆ 傳承價值觀：培養負責任與分享的態度，避免奢侈與揮霍。
- ◆ 培養理財能力：讓下一代能自己思考、規劃，而非被動繼承。
- ◆ 建立長期視野：幫助孩子理解金錢的本質與生活的目標。

林太太說，他們家從小就讓孩子參與家庭預算，讓孩子知道「想要什麼，該怎麼準備」。

代間教育的核心技巧

理財專家分享，代間財富教育可從以下幾個重點著手：

1. 從小培養理財習慣

例如用零用錢或簡單記帳方式，讓孩子認識收入與支出的平衡。

2. 分享家庭的理財故事

周先生說，他會跟孩子分享父母如何存錢買房的過程，讓孩子體會理財不只是數字，更是生活的智慧。

3. 實際參與家庭規劃

讓孩子參與旅遊基金或家庭大專案計畫，建立對金錢的責任感。

4. 尊重孩子的想法

理財專家提醒，教育不是命令，而是對話。傾聽孩子的夢想，也引導他們找到實現的方法。

結合學校與社區資源

蔡先生說，他會帶孩子參加社區理財講座，或利用圖書館資源閱讀財富管理的書籍。理財專家指出，學校教育也逐

步納入金融素養課程,家庭可結合學校的學習,讓孩子從小就能在多元環境中培養理財觀念。

避免財富教育的迷思

理財專家提醒,以下是常見的教育迷思:

- 以為孩子太小不懂:其實越早讓孩子接觸財富教育,越能養成健康習慣。
- 只談錢,忽略夢想:若教育只停在「如何賺錢」,孩子容易迷失方向。
- 忽略彈性與差異:每個孩子的性格與興趣不同,應尊重並調整教育方式。

10.6　善用慈善與社會回饋

慈善與社會回饋:讓財富更有溫度

在臺灣,越來越多家庭開始意識到,財富的價值不只在於「擁有」,更在於「分享」。理財專家指出,慈善與社會回饋是讓家庭財富更有意義、也更有力量的方式,即「賺錢是能力,分享是智慧」。

慈善的真正意義

理財專家分享,慈善並不只是「給出去」,而是一種對生活、對社會的回應。它能:

- 培養同理心:讓家庭成員學會理解別人的需要與挑戰。
- 強化家庭價值觀:以行動表達對社會的責任感與愛。
- 讓財富循環:將財富的一部分回饋,讓更多人受惠。

林太太說,他們家每年會選擇一家公益團體捐款,讓孩子從小知道「給」的意義。

社會回饋的多樣方式

理財專家指出,社會回饋不必局限在金錢捐助,還包括:

- 時間與勞力的投入:參與志工服務、社區活動等。
- 技能的分享:利用專業知識幫助弱勢族群。
- 支持地方產業:選擇在地生產的產品與服務,讓社區更繁榮。

張先生說,他們家孩子假日會一起去社區打掃,從小培養「回饋社會」的習慣。

第 10 章　穩健致富：財富傳承與夢想實現

善用財務工具支持慈善

理財專家提醒，家庭可以透過理財工具，讓慈善與日常生活結合得更好：

- ◆ 慈善信託：將部分資產設立專門的慈善信託，長期支持公益。
- ◆ 保單受益人指定：指定部分保險金給慈善組織，讓愛延續。
- ◆ 投資與公益結合：選擇社會責任投資（SRI），讓投資報酬同時支持社會發展。

蔡先生說，他們家透過基金平臺支持社會企業，讓投資不只是財務成長，也兼顧社會回饋。

避免常見錯誤

理財專家提醒，以下是慈善與回饋常見的錯誤：

- ◆ 一時衝動，缺乏規劃：短期熱情後沒有持續行動。
- ◆ 忽略財務安全：捐助應在不影響家庭生活品質的前提下進行。
- ◆ 把善意當炫耀：分享應該是真心，而非比較與競爭。

10.7　讓財富造福更多人

財富的影響力：從自己到更多人

在臺灣，理財專家提醒，真正的財富不是一個人的資產總和，而是它如何影響周遭與世界。黃先生說，他從父母的身教中學到：「有能力的人，更該懂得分享與帶動改變。」這讓他從理財開始思考，如何讓財富成為社會的助力。

財富造福的多層意義

理財專家分享，財富能造福更多人的意義包括：

- 改善生活：幫助家人與社會的基本需求被滿足。
- 啟發改變：透過投資或行動，促進社會進步與環境永續。
- 傳承價值：讓孩子與社會明白，財富的責任不只在於自我享樂。

林太太說，他們家透過支持公益組織，孩子更懂得同理與關懷。

第 10 章　穩健致富：財富傳承與夢想實現

具體行動：如何讓財富「走出去」

理財專家建議，以下是幾種將財富影響力外延的方式：

- 支持社會企業與在地產業：購買本地小農產品，或投資社會企業，讓消費也能支持改變。
- 資助教育與醫療：例如捐助學校獎學金、醫院設備，讓財富造福下一代。
- 參與社區發展：投身社區志工活動或捐贈社區建設基金。
- 創立家族基金會：將家庭部分資產設定為永續回饋的機制。

蔡太太說，他們家以每年固定金額支持家鄉的弱勢團體，讓孩子從小學會「我們能讓別人更好」。

善用財務工具，放大影響力

理財專家分享，結合理財工具能讓影響力更具系統性與延續性：

- 投資型保單或基金：選擇有社會責任的金融商品。
- 慈善信託：將部分資產設立信託，定向資助特定公益計畫。
- 企業股權結構：若經營企業，可將部分股權轉為公益基金，創造雙贏。

林先生說，他透過投資社會責任基金，覺得錢不只是「數字」，而是能推動更好社會的力量。

避免落入「炫耀式公益」的迷思

理財專家指出，分享應當是基於真心，而非「被看見」的需求。張先生說，他們家不會在社群媒體上炫耀捐助，而是安靜地付出，讓心意比掌聲更重要。

10.8　自主創業與多元收入

多元收入：面對變局的必備彈性

在臺灣，理財專家指出，單一收入來源面臨的不確定性與風險越來越明顯。黃先生說，他在疫情期間因公司業務緊縮，才深刻體會到「多元收入」的必要性。理財專家提醒，無論是否有創業夢想，培養多元收入已是現代家庭穩健理財的必修課。

自主創業的魅力與挑戰

自主創業被許多人視為實現自我價值與夢想的途徑。張先生說，他一直想把自己對咖啡的熱情變成事業，後來真的

第 10 章　穩健致富：財富傳承與夢想實現

開了間小小的咖啡館，實現了夢想。理財專家分享，創業的魅力包括：

- 實現興趣與熱情：讓工作與生活目標結合，提升幸福感。
- 創造多元收入：不再單一仰賴薪資，增加資金彈性。
- 家人參與：小型家族事業能增進家庭凝聚力。

然而，專家也提醒，創業同時帶來風險，如資金壓力、經營挑戰與市場競爭。

多元收入的其他形式

理財專家指出，除了創業，還有許多方式能創造第二收入或被動收入：

- 斜槓兼職：利用下班或假日發展副業。
- 不動產出租：投資房產作為穩定現金流來源。
- 投資理財：股息、基金配息、債券利息等都是收入來源。
- 數位平臺經濟：例如開設網路課程、經營社群頻道等。

蔡先生說，他利用興趣經營自媒體，兼顧收入與生活樂趣，成為家中的第二收入來源。

如何開始多元收入計畫？

理財專家建議，家庭可從以下步驟開始：

(1) 盤點資源與興趣：找出自己與家人的強項與興趣，讓副業更貼近生活。

(2) 小額嘗試，分散風險：一開始不要投入過多資金，試水溫，學習市場需求。

(3) 保持現有收入穩定：避免盲目投入，先確保家庭基本現金流。

(4) 定期檢討與調整：生活變化，副業策略也該靈活調整。

林先生說，他最初做的是假日手工藝市集，慢慢學會銷售與管理，讓副業逐步成長。

避免盲目追求，平衡生活與風險

理財專家提醒，創業或多元收入雖有潛力，但也需避免盲目追求：

- 短期熱情後放棄：副業需長期經營，不能只靠一時衝動。
- 過度壓力：副業若影響家庭或健康，得不償失。
- 忽略風險控管：像是資金運用、法律合規，都需謹慎思考。

第 10 章　穩健致富：財富傳承與夢想實現

黃先生說，他們家曾投入過多資金在副業，後來才學會分散與控制風險。

10.9　財富自由的生活態度

財富自由：不只是數字，更是心態

在臺灣，理財專家提醒，許多人聽到「財富自由」時，會以為是銀行存款數字的目標，但其實更重要的是一種生活態度。黃先生說，他過去一直想「賺到多少就退休」，後來才體會到，財富自由真正的意義，是「能做自己想做的事，而不被金錢壓力綁住」。

什麼是財富自由？

理財專家解釋，財富自由指的是：當你的被動收入與投資報酬足以支應日常生活，讓工作不再是為了生存，而是出於興趣與價值。林太太說，這種感覺就像「錢在工作，而你可以做想做的事」。

財富自由的三個層次

理財專家分享,財富自由通常可分為三個層次:

(1)基礎層次:被動收入足以負擔基本生活支出,沒有生存壓力。

(2)舒適層次:被動收入不僅滿足基本需求,還能支持旅行、興趣等生活享受。

(3)理想層次:被動收入遠超過生活開銷,讓人生能盡情實現夢想與社會參與。

財富自由的生活態度

理財專家提醒,財富自由不是一蹴可幾,而是從以下心態與習慣開始:

- ◆ 節制與分配:不盲目追求物質,理解什麼才是值得的開銷。
- ◆ 持續投資自己:學習新技能、拓展視野,讓能力不斷升級。
- ◆ 尊重時間價值:明白時間比金錢更珍貴,學會選擇與放棄。
- ◆ 正向看待風險:知道風險無可避免,從容應對而非逃避。

蔡先生說,他透過閱讀以及與專業顧問討論,慢慢調整心態,把理財當成生活的一部分,而不是焦慮的來源。

第 10 章　穩健致富：財富傳承與夢想實現

避免迷思：財富自由不等於奢侈生活

理財專家指出，許多人誤以為財富自由就是「過上奢華生活」，其實，真正的財富自由更接近「能自在做決定的生活」。張先生說，他們家把孩子的教育與家庭旅行列為最重要的支出，而不是不斷追求名牌或高檔消費。

10.10　讓夢想成真的理財精神

理財：實現夢想的起點

在臺灣，理財專家提醒，理財並不只是錢的管理，更是夢想實現的過程。黃先生說，他過去總覺得理財是壓力，後來才發現，當它與夢想連結，反而讓自己更有動力和方向。

理財與夢想的連結

理財專家分享，夢想之所以美好，是因為它讓人更清楚「為什麼努力」。理財，就是把「我想要」變成「我能做到」的過程。

- ◆ 孩子的教育基金：給予下一代更多選擇與自信。
- ◆ 屬於全家的旅行：創造共同回憶與幸福時光。

◆ 退休後的安心生活：把每一筆努力變成未來的保障。

林太太說，他們家有個「夢想牆」，寫下每個人的目標，讓理財更有意義。

讓夢想落地的三大原則

理財專家指出，理財若想真正支持夢想，需掌握以下三大原則：

◆ 明確目標：夢想必須具體，才知道該存多少、該投資在哪。
◆ 步步為營：將大夢想拆解成小目標，讓每一步都有成就感。
◆ 靈活調整：夢想與生活可能變動，理財也該跟著調整。

周太太說，她們家先從「孩子教育基金」開始，慢慢擴展到「全家環島旅行基金」，一步步讓夢想更踏實。

避免迷思與盲點

理財專家分享，理財與夢想結合時，常見的盲點包括：

◆ 目標不清，盲目跟風：別人的夢想未必適合自己，需找出真正適合的方向。

第 10 章　穩健致富：財富傳承與夢想實現

- ◆ 過度焦慮，忘記享受：過度在意金額與數字，反而忽略過程中的幸福感。
- ◆ 只靠單一收入，風險過高：夢想需要多元收入與風險分散，減少生活壓力。

林先生說，他一度只想存錢，結果家庭氣氛變得緊張，後來才學會「在追夢的路上，也要享受生活」。

小結
從富足到永續：讓財富與夢想共同延續

當理財不再只是為了當下生活，而是為了未來世代與價值延續，家庭財務便進入另一層次的規劃思維。從遺產規劃、信託運用、避免家庭糾紛，到代間財富教育與慈善行動，本章提供全方位實務指引，幫助家庭在「財富如何被善用」與「價值觀如何被傳遞」之間取得平衡。不僅如此，章節也強調多元收入的建立、自主創業與財富自由的精神，讓夢想不再只是個人的，更能與家庭共築、代代傳承。結尾提醒：理財的終點，不是帳面數字的漂亮，而是能在生命的每個階段，活出自由、有尊嚴、有願景的生活。這才是真正的「穩健致富」。

小結　從富足到永續：讓財富與夢想共同延續

電子書購買

爽讀 APP

國家圖書館出版品預行編目資料

理財不是難事，讓家更安穩的財務攻略：實用、真實、接地氣的家庭理財地圖，從此不再怕帳單來敲門！/ 高思敏 著. -- 第一版. -- 臺北市：財經錢線文化事業有限公司, 2025.07
面；　公分
POD 版
ISBN 978-626-408-321-8(平裝)
1.CST: 家庭理財
421　　　　　　　　114009444

理財不是難事，讓家更安穩的財務攻略：實用、真實、接地氣的家庭理財地圖，從此不再怕帳單來敲門！

臉書

作　　者：高思敏
發 行 人：黃振庭
出　版　者：財經錢線文化事業有限公司
發　行　者：崧燁文化事業有限公司
E - m a i l：sonbookservice@gmail.com
粉　絲　頁：https://www.facebook.com/sonbookss/
網　　址：https://sonbook.net/
地　　址：台北市中正區重慶南路一段 61 號 8 樓
8F., No.61, Sec. 1, Chongqing S. Rd., Zhongzheng Dist., Taipei City 100, Taiwan
電　　話：(02) 2370-3310　　　傳　　真：(02) 2388-1990
印　　刷：京峯數位服務有限公司
律師顧問：廣華律師事務所 張珮琦律師

-版權聲明

本書作者使用 AI 協作，若有其他相關權利及授權需求請與本公司聯繫。
未經書面許可，不可複製、發行。

定　　價：420 元
發行日期：2025 年 07 月第一版
◎本書以 POD 印製